中华茶艺（葡萄牙文）

Arte Chinesa do Chá

主编
陈丽敏

副主编
白碧珍　齐冬晴
肖棱棱

U0274614

EDITOR
Chen Limin

EDITOR ASSOCIADO
Bai Bizhen　Qi Dongqing
Xiao Lingling

廣東旅游出版社
GUANGDONG TRAVEL & TOURISM PRESS
悦读书·悦旅行·悦享人生

中国·广州

图书在版编目（ＣＩＰ）数据

中华茶艺：葡萄牙文 / 陈丽敏编. — 广州：广东旅游出版社，2023.3
ISBN 978-7-5570-2768-1

Ⅰ．①中… Ⅱ．①陈… Ⅲ．①茶文化－中国－葡萄牙语 Ⅳ．①TS971.21

中国版本图书馆CIP数据核字(2022)第085590号

出 版 人：刘志松
策划编辑：官 顺
责任编辑：林保翠 俞 莹
封面设计：艾颖琛
内页设计：谢晓丹
责任校对：李瑞苑
责任技编：冼志良
项目统筹：林保翠

中华茶艺（葡萄牙文）
ZHONGHUA CHAYI (PUTAOYAWEN)

广东旅游出版社出版发行
（广州市荔湾区沙面北街 71 号首、二层）
邮编：510130
电话：020-87347732（总编室） 020-87348887（销售热线）
投稿邮箱：2026542779@qq.com
印刷：佛山家联印刷有限公司印刷
地址：佛山市南海区三山新城科能路 10 号
开本：787 毫米 ×1092 毫米 16 开
字数：453 千字
印张：13.75
版次：2023 年 3 月第 1 版
印次：2023 年 3 月第 1 次
定价：168.00 元

丛书编辑委员会

出版前言

国际合作办学与技能等级培训教材《中华粤菜（葡萄牙文）》《中华粤菜（英文）》《中华茶艺（葡萄牙文）》《中华茶艺（英文）》是为"广州市旅游商务职业学校葡萄牙工作站"下设的"中餐烹饪工作室""中华茶艺工作室"在葡萄牙等海外地区和中国澳门开展职业技能培训，进行技能等级认证所专门编写的教材。

随着职业教育逐步向全球化发展，国家相继出台了系列政策文件，从《关于加快发展现代职业教育的决定》《关于做好新时期教育对外开放工作的若干意见》，到《关于推动现代职业教育高质量发展的意见》《关于深化现代职业教育体系建设改革的意见》，明确规定推动职业教育"走出去"，探索"中文+职业技能"的国际化发展模式，服务国际产能合作，提出推出一批具有国际影响力的专业标准、课程标准，开发一批教学资源、教学设备，打造职业教育国际品牌。

广州市旅游商务职业学校积极响应国家"一带一路"倡议，深入开展境外交流与合作，截至目前已与新西兰、新加坡、日本、德国、瑞士、葡萄牙、意大利、加拿大、泰国等16个国家和地区的28所院校、教育机构建立了友好合作关系。

2017年10月，广州市旅游商务职业学校派员赴澳门与葡萄牙国家旅游局代表商议合作事项。2018年12月，"广州市旅游商务职业学校葡萄牙工作站"在里斯本正式挂牌成立，这是葡萄牙国家旅游局与中国国内职业院校首个互建工作站项目。2019年6月，广州市旅游商务职业学校启动"中华茶艺工作室"和"中餐烹饪工作室"项目，派出师资为里斯本酒店旅游学校及波尔图酒店旅游学校的师生，以及热爱中华文化的人士开展中餐烹饪和中华茶艺培训。同年10月，葡萄牙国家旅游局组团回访，"葡国菜工作室"和

"波特酒工作室"在广州市旅游商务职业学校正式落地。

在这一背景下，《中华粤菜（葡萄牙文）》《中华粤菜（英文）》《中华茶艺（葡萄牙文）》《中华茶艺（英文）》的编写、出版提上日程。这四本教材是广州市旅游商务职业学校职业教育海外等级认定培训系列教材中的初级认定教材，用于对初入粤菜烹饪和茶艺品茗职业领域的外语人士学习之用。该出版项目受到了广东旅游出版社的高度重视，社长、总编辑刘志松亲自监督进度和把关质量，并特邀高校专家及母语人士进行校对、审读，务求尽善尽美，实现高水平的中国职业教育和精品教材出版，推进高水平"走出去"。

《中华粤菜（葡萄牙文）》《中华粤菜（英文）》《中华茶艺（葡萄牙文）》《中华茶艺（英文）》教材出版和应用的意义在于：

一、探索职业技能教育的国际化发展模式，服务国际产能合作。为中国企业的海外发展培养生力军提供了高质量的教材，培养国际化人才和中资企业急需的本土技术技能人才，同时也为海外人士的就业提供了新的可能性。

二、引领中餐烹饪和中华茶艺的国际交流和认证标准，在国际职业教育的舞台上彰显文化自信。教材的编写和出版是制定"中华茶艺工作室"和"中餐烹饪工作室"培训认证标准的桥头堡和试验田，是推动"中国标准"的海外认证制订和实施的重要步骤，助推职业教育"走出去"。

三、推行中华传统技艺，传播中华文化，推进中华优秀传统文化创造性转化、创新性发展。中华粤菜和中华茶艺是中国传统文化的重要组成部分，在海外发展与传播具有较长的历史，已经成为部分国外人士的生活日常。该系列教材的出版和发行，将成为中华传统技艺、中华文化海外传播的重要载体，提升中国职业教育的国际影响力。

党的二十大报告提出，要"发展面向现代化、面向世界、面向未来的，民族的科学的大众的社会主义文化，激发全民族文化创新创造活力，增强实现中华民族伟大复兴的精神力量"，中国职业教育和"中国标准"的"走出去"任重道远。广东旅游出版社将与诸编者一道，为中国职业教育国际化添砖加瓦，以《中华粤菜（葡萄牙文）》《中华粤菜（英文）》《中华茶艺（葡萄牙文）》《中华茶艺（英文）》为先声，鸣响中国职业教育原创精品教材走向国际的号角。

Índice

Capítulo 5 Arte tradicional do chá chinês — 173

1 Descrição histórica da arte chinesa do chá

Conhecimentos-chave do capítulo:
Áreas produtoras de chá, arte chinesa
do chá e chá chinês.

茶，

香叶，嫩芽。

慕诗客，爱僧家。

碾雕白玉，罗织红纱。

铫煎黄蕊色，碗转曲尘花。

夜后邀陪明月，晨前独对朝霞。

洗尽古今人不倦，将知醉后岂堪夸。

——唐·元稹《一七令·茶》

Objetivos de aprendizado

• Descrever os marcos no desenvolvimento da arte chinesa do chá.
• Contar a descrição histórica da arte chinesa do chá.

Conceito central

A arte chinesa do chá, também conhecida como chaísmo ou cerimônia do chá, é uma maneira humanizada, realista e artística de degustação do chá que segue as mudanças do tempo. É um dos meios do desenvolvimento econômico e da comunicação interpessoal, ocupando uma posição importante na história da cultura chinesa do chá.

Informações relacionadas

Desde algo comestível a algo que deve ser apreciado e valorizado, a evolução da arte chinesa do chá passou por um longo processo de desenvolvimento, conforme mostrado na Tabela 1.1.

Parte 1

DESCRIÇÃO HISTÓRICA DA ARTE CHINESA DO CHÁ

HABILIDADE TÉCNICA

Contando a descrição histórica da arte chinesa do chá

A arte chinesa do chá

Tabela 1.1 Evolução da Arte Chinesa do Chá

Etapas de desenvolvimento	Formas de chá	Métodos de preparar chá	Evolução da arte do chá
Estágio primitivo (da sociedade primitiva ao período pré-Qin)	Folhas frescas de chá	Método de decocção mista	A história sobre o consumo de chá na China pode ser datada desde a Era Paleolítica, onde "Shennong provou centenas de ervas" para usar as folhas frescas das árvores de chá e outras plantas comestíveis como alimento.
Estágio da iluminação (dinastia Han e período de Três Reinos)	Chá prensado (em forma de tijolo)	Método de decocção	Durante a dinastia Han e o período de Três Reinos, a cultura de beber chá foi formada no sul da China.
Estágio inicial (dinastias Jin Ocidental e Oriental)	Chá prensado (em forma de tijolo)	Método de decocção	Durante a dinastia Jin Ocidental, o consumo de chá aumentou entre os literatos. A cultura de beber chá virou objeto de degustação e foi formada gradualmente.
Estágio de aprimoramento (dinastia Tang)	Chá prensado (em forma de bola)	Método de decocção da dinastia Tang	Na dinastia Tang, a cultura de beber chá ficou popular no país e virou uma arte poética da vida. A dinastia Tang foi um estágio essencialmente importante na história do consumo de chá e da cultura do chá, além de um marco na evolução da arte chinesa do chá.
Estágio próspero (dinastia Song)	Chá prensado (em forma de tijolo)	Método de batida	"O consumo de chá aumentou na dinastia Tang e floresceu na dinastia Song". Apareceram associações profissionais de degustação de chá entre os literatos na dinastia Song, e a arte chinesa do chá virou um ritual. Presentear chá virou um meio importante para o imperador conquistar apoios. A simplicidade era a tendência na arte do chá, e a cultura chinesa do chá enfatizou mais a ligação com a natureza.
Auge (dinastias Ming e Qing)	Chá prensado	Método de infusão	No final da dinastia Ming e início da dinastia Qing, a quantidade de tipos de chá aumentou e as técnicas de preparo eram variadas. Havia muitos estilos, texturas e padrões de jogos de chá. A cultura de beber chá foi considerada uma arte pelos estudiosos chineses. A arte chinesa do chá, flores, pinturas e incensos são conhecidos coletivamente como as Quatro Artes.
Revitalização (arte moderna do chá)	Chá prensado, chá a granel	Métodos de decocção, batida e infusão	Ao longo do tempo, a arte tradicional de degustação do chá absorveu elementos novos, e se tornou mais humanizada, prática e artística.

Atividade do capítulo

Xiaohong é mestre de chá em uma casa de chá que fica em Chengdu. Um dia, depois de alguns goles de chá, um convidado colocou a tampa da tigela de chá na lateral do pires. Uns minutos depois, o convidado colocou a mesma tampa contra o pires, deixando em forma de trombeta. Xiaohong ficou um pouco confuso, mas não falou nada. Para sua surpresa, o convidado fez a seguir uma reclamação ao seu supervisor sobre o serviço dele: "Por que ninguém me serviu o chá?" Xiaohong ficou incomodado: "Mas o convidado não fez nenhum pedido específico."

O convidado realmente não fez um pedido específico?

O mestre de chá só pode prestar serviços de alta qualidade aos clientes se ele conhecer bem a etiqueta sobre o chá e a arte de bebê-lo.

As atividades didáticas serão realizadas de acordo com a simulação situacional acima.

1. Condições da atividade
- Ambiente da casa de chá
- Jogo de chá

2. Organização da atividade
- Dividir os alunos em grupos de quatro pessoas, sendo três delas os convidados e a outra o mestre de chá.
- Cada grupo praticará de acordo com a ordem sorteada.
- Enquanto um grupo fizer a demonstração, escolha um outro grupo como inspetor.
- Analisar a atividade e selecionar o grupo com melhor desempenho na atividade.

3. Segurança e precauções
- O jogo de chá não está danificado.
- As folhas de chá estão frescas.
- Durante a atividade, a chaleira instantânea é colocada em um local onde não seja facilmente esbarrada e a tomada do cabo do carregador é ligada com segurança.
- A chaleira instantânea é com água até 70% da chaleira para evitar que a água fervente transborde, queime o mestre ou cause um curto-circuito no filtro de linha. Mantenha o bico da chaleira voltado para dentro e não o vire para a direção dos convidados.
- O equipamento de áudio está em boas condições de funcionamento e sem ruídos.
- Evite derramar chá ao servir os convidados.
- Verifique se a vestimenta e a aparência pessoal estão adequadas.

4. Detalhes da atividade (consultar Tabela 1.2: Tabela de Atividade para a Apresentação da Evolução da Arte Chinesa do Chá)

5. Avaliação (consultar Tabela 1.3: Tabela de Avaliação para a Apresentação da Evolução da Arte Chinesa do Chá)

Tabela 1.2 Tabela de Atividade para a Apresentação da Evolução da Arte Chinesa do Chá

Conteúdo	Descrição	Critério
Apresentar a evolução da arte chinesa do chá	● Método de decocção: A decocção é o método mais antigo de beber chá, as pessoas ferviam as folhas frescas do chá para curar doenças. ● Método de decocção mista: Ao fazer o chá, adicione milho e outros temperos, e cozinheos até virar em forma de mingau. Os utensílios para fazer e beber chá são muitas vezes os usados para cozimento de alimentos. ● Método de decocção da dinastia Tang: Surgiu no período dos Três Reinos, ficou popular na dinastia Tang e floresceu na dinastia Song. O método de decocção da dinastia Tang envolve procedimentos complexos, como colheita de chá, processamento de chá, armazenamento de chá, cozimento de chá e consumo de chá. É um método divido em muitos passos e caraterizado pelo uso de mútiplos utensílios. ● Método de infusão: Este método é principalmente usado para a infusão de chá a granel. ● Método de beber chá enlatado: O chá enlatado é um produto industrializado da era moderna, sendo qualitativamente diferente do tradicional chá artesanal, incluindo saquinhos de chá, chá instantâneo, chá concentrado e chá em lata.	● A apresentação é rica em conteúdo e animada. ● A apresentação é organizada e fluente. ● Fala padrão, moderada e entonação suave.
Apresentar a forma de beber chá no Período das Primaveras e Outonos	● Método de decocção mista: Adicione milho e outros temperos, e cozinhe-os até virar em forma de mingau. Os utensílios para fazer e beber chá são muitas vezes os usados para cozimento de alimentos.	● Seja elegante, se vista adequadamente e fale com expressão natural. ● Os movimentos e gestos são gentis e suaves. ● Executar ritmicamente com música de fundo apropriada. ● O modo de operação é suave, o processo é completo, mostrando as características dos métodos de beber chá em diferentes períodos.
Apresentar a maneira de beber chá nas dinastias Tang e Song	● Método de decocção da dinastia Tang: Mostre os procedimentos colheita de chá, processamento de chá, armazenamento de chá, cozimento de chá e consumo de chá.	● A explicação é clara e fluente, o conteúdo é relevante. ● Volume moderado de voz, entonação candente e contagiante. ● A decoração da mesa de chá pode mostrar as características da cultura do chá em diferentes dinastias.
Apresentar a maneira de beber chá nas dinastias Ming e Qing	● Método de infusão: Mostre o método de beber o chá Tieguanyin em uma xícara -- preparando o jogo de chá e as folhas de chá, aquecendo o bule de chá e as xícaras, deitando folhas de chá no bule, mergulhando o chá, dividindo o chá em xícaras, servindo o chá.	

Tabela 1.3 Tabela de Avaliação para a Apresentação da Evolução da Arte Chinesa do Chá

Mestre de chá:

Conteúdo	Critério	Respostas	
		Sim	Não
Apresentar a evolução da arte chinesa do chá	Seja elegante, se vista adequadamente e com expressão natural.		
	Os movimentos e gestos são gentis e suaves.		
	Executar ritmicamente de acordo com a música de fundo apropriada.		
	A apresentação é suave, o processo é completo, mostrando as características dos métodos de beber chá em vários períodos.		
	A apresentação é rica em conteúdo e animada.		
	A apresentação é organizada e fluente.		
	Fala padrão, moderada e entonação suave.		
Guardar o jogo de chá	Limpar o jogo de chá.		
	Guardar o jogo de chá.		

Inspetor: Hora:

Perguntas e respostas

P: O que é a arte chinesa do chá?

R: Há sentidos amplos e restritos da arte chinesa do chá. De forma ampla, a arte do chá refere-se ao estudo dos métodos de produção, preparação, gerenciamento e consumo de chá, tendo por objetivo alcançar uma satisfação material e espiritual durante a degustação de chá. Todos os processos relacionados à produção, preparação, venda e uso de chá pertencem ao âmbito da arte do chá. No sentido restrito, a arte do chá refere-se à maneira de como fazer um bom bule de chá e como aproveitar uma xícara de chá.

P: Explique brevemente a arte chinesa do chá na China?

R: Durante as dinastias Pré-Qin e Han, a região Bashu foi o começo da indústria do chá na China, formando o primeiro centro de distribuição de chá. Durante o período de Três Reinos e a dinastia Jin Ocidental, o curso médio do rio Changjiang, ou seja, a região da China Central substituiu Bashu como o centro da indústria do chá. Até as dinastias Jin Ocidental e Oriental, a indústria do chá se desenvolveu em direção ao curso inferior do rio Yangtze. Na dinastia Tang, a tendência da mudança do centro da indústria do chá para o leste era mais óbvia, e a tecnologia de preparação de chá também atingiu o maior nível naquela época. Na dinastia Song, Jian'an de Fujian virou o principal centro técnico para a produção de chá prensado. Após as dinastias Ming e Qing, vários tipos de chá se popularizaram.

P: Em uma tarde ensolarada, os convidados chegaram à casa de chá do estilo das disnastias de Ming e Qing. O gerente Xiaohong treinava novos mestres na arte e no conhecimento do chá, e também permitia que os convidados aproveitassem a oportunidade para conhecer os métodos para diferenciar os tipos de chá e apreciar a arte chinesa do chá tradicional. Quais são suas opiniões sobre o evento?

R: Com o treinamento, os estudantes ganham um entendimento básico sobre o chá e, ao mesmo tempo, os convidados adquirem conhecimentos sobre a história de desenvolvimento da arte chinesa do chá.

Conhecendo um pouco mais

Características da cultura da arte chinesa do chá

A cultura do chá é um fenômeno que abrange os aspetos material, espiritual, psicológico e cultural, entre tantos outros na sociedade chinesa. Tem uma história longa, conotações ricas e características únicas, assim tem sido sempre próspera ao longo da história. O sistema de cultura do chá inclui principalmente: a história da cultura do chá, a sociologia da cultura do chá, a comunicação da cultura do chá e a função da cultura do chá.

A formação e desenvolvimento da cultura do chá tem uma longa trajetória histórica, e começou com o surgimento da economia mercantil e a formação da cultura urbana. A cultura do chá se concentra na ideologia, integrando as conotações filosóficas do confucionismo, taoísmo e budismo. E também se concentra na elegância, combinando várias formas artísticas, como por exemplo, poesia, caligrafia, pintura, degustação, canto e dança, entre outras, e evoluindo para a etiqueta e costumes de várias culturas. Os caracteres nacionais da cultura do chá são plenamente refletidos pelos ricos e diversificados costumes do chá, virando um modelo cultural único. Montanhas famosas, águas, pessoas conhecidas, chás populares e locais históricos deram origem a diferentes culturas regionais de chá. Em diferentes estágios do seu longo processo de desenvolvimento, a cultura do chá teve muitas mudanças em suas características ao longo dos séculos, em que a cultura chinesa do chá se espalhou para o exterior e se fundiu com a cultura internacional, dando origem ao chaísmo japonês, à cerimônia coreana do chá, à cultura britânica do chá, à cultura russa do chá e à cultura marroquina do chá, etc.

Objetivos de aprendizado

- Explicar as características das árvores de chá.
- Identificar as formas das folhas de chá e descrever suas características.

Conceito central

A árvore de chá, com nome científico Camellia sinensis (L.) O. Kuntze, é uma planta verde, perene e lenhosa, pertencente à classe Dicotyledoneae, Theales, Theaceae, Camellia na taxonomia botânica. De acordo com as formas das árvores, os tipos de árvores de chá podem ser: árvore, semi-árvore e arbusto.

Informações relacionadas

A árvore de chá pertence ao mesmo gênero da camélia japônica, planta ornamental cultivada no jardim, e da camélia oleífera usada para extração de óleo, mas são espécies diferentes.

Tipos das árvores de chá

De acordo com a altura e o hábito de ramificação das plantas em condições naturais de crescimento, as árvores de chá podem ser divididas em três tipos: árvore, semi-árvore e arbusto. Consultar mais detalhes na Tabela 1.4.

CONHECENDO AS ÁRVORES DE CHÁ

HABILIDADE TÉCNICA
Explicando as características das árvores de chá

A árvore de chá(▼) pertence ao mesmo gênero da camélia japônica(▲), mas são espécies diferentes

Tabela 1.4 Tipos das Árvores de Chá

Tipos	Características	Imagens
Tipo árvore	● Com troncos grandes, galhos altos e plantas altas, chegando a vários ou até mais de dez metros de altura. As árvores de chá selvagens em florestas fechadas em Yunnan, Guizhou e outros lugares da China pertencem a esta categoria.	
Tipo semi-árvore	● Tem características entre árvores e arbustos, com altura de planta média, tronco principal mais evidente e galhos perto do solo. Nasce em regiões subtropicais ou tropicais. Na China, é encontrado principalmente nas regiões de Fujian e Guangdong, entre outras.	
Tipo arbusto	● Planta baixa, geralmente cerca de 1,5 a 3 metros de altura, sem tronco principal e densamente ramificado. Os galhos são perto do solo e em forma de cacho. Na China, é encontrado principalmente em Zhejiang, Jiangsu, entre outros lugares. A maioria das árvores de chá cultivadas são arbustos.	

Folhas das árvores de chá

As bordas das folhas de chá são serrilhadas, geralmente entre 16 a 32 pares. As folhas têm uma nervura principal e nervuras laterais. A nervura mais grossa do meio, chamada de nervura principal, e muitos ramos menores em ambas as laterais que são as nervuras laterais. A nervura principal está conectada com as laterais, que são geralmente de 5 a 8 pares. As nervuras laterais estendem-se até os 2/3 anteriores da margem da folha e curvam-se para cima, conectando-se com a última nervura lateral para formar um sistema de condução reticulado.

De acordo com o tamanho das folhas, as árvores de chá podem ser divididas em espécies de folhas grandes, médias e pequenas. Consultar mais detalhes na Tabela 1.5.

Tabela 1.5 Espécies das Folhas das Árvores de Chá

Tipos	Características	Imagens
Folhas grandes	● As folhas têm mais de 10 cm de comprimento. O exemplo mais conhecido é o chá Pu-erh de Yunnan, na China.	
Folhas médias	● As folhas têm entre 5 e 10 cm de comprimento. São representadas pelo chá preto Qimen de Anhui, na China.	
Folhas pequenas	● As folhas têm menos de 5 cm de comprimento. São representadas pelo Longjing de Zhejiang e Zhengshan Xiaozhong de Fujian.	

Atividade do capítulo

Depois da visita ao jardim de chá, os alunos pegaram muitas folhas de chá. Todos queriam guardar as folhas de chá por mais tempo, então o Prof. Chen sugeriu que eles fizessem marcadores de página das folhas de chá e observassem juntos os detalhes das nervuras.

1. Condições da atividade

- Ambiente da casa de chá
- Preparação dos materiais: chá, água, copo, solução de hidróxido de sódio a 10%, bacia de plástico, luvas de silicone, máscara, bule, fogão por indução, pinça, escova de dentes, desinfetante 84, guardanapos, livros e jornais velhos, pigmentos, filme de laminação a frio, fita e tesoura.

2. Organização da atividade

- Dividir os alunos em grupos de quatro pessoas, sendo uma delas o líder do grupo.
- Cada grupo conclui a produção de marcadores de página das folhas de chá.
- Quando um grupo estiver em produção, escolha outro grupo como inspetor.
- Após a conclusão da produção, cada grupo mostrará o produto finalizado.

3. Segurança e precauções

- Use luvas e máscara de proteção ao manusear a solução de hidróxido e o desinfetante.
- Abra a janela para a ventilação no momento de ferver as folhas.
- Use luvas de proteção ao tocar nas folhas para evitar que a solução de hidróxido de sódio e o desinfetante entrem em contato com as mãos.
- Ao remover o mesofilo, limpe-o suave e cuidadosamente usando a escova de dentes.
- Limpe todos os utensílios depois da atividade.

4. Detalhes da atividade (consultar Tabela 1.6: Tabela de Observação das Nervuras da Folha de Chá; Tabela 1.7: Tabela de Produção de Marcadores de Página da Folha de Chá)

5. Avaliação (consultar Tabela 1.8: Tabela de Avaliação para a Produção de Marcadores de Página da Folha de Chá)

Tabela 1.6 Tabela de Observação das Nervuras da Folha de Chá

Como observar	Principais características	Nervuras
Pontas da folha de chá	● Ponta afiada ● Ponta sem corte	
Bordas serrilhadas da folha	● ___ par(es)	
Nervura principal da folha de chá	● ___ nervura(s)	
Nervuras laterais da folha de chá	● ___ nervura(s)	

11

Tabela 1.7 Tabela de Produção de Marcadores de Página da Folha de Chá

Conteúdo	Descrição	Critério
Selecionar as folhas	● No final do verão ou no outono, quando as folhas estão totalmente maduras e começando a envelhecer, escolha folhas com nervuras grossas e densas.	● Escolher folhas totalmente maduras com nervuras grossas e densas.
Ferver as folhas	● Despeje a solução de hidróxido de sódio a 10% em um bule de aço inoxidável e ferva-a. Adicione uma quantidade adequada de folhas lavadas e mexa delicadamente as folhas com pauzinhos para evitar que elas se sobreponham. Aqueça-as uniformemente.	● Despejar a solução de hidróxido de sódio em um bule e fervê-la. ● As folhas estão lavadas e limpas. ● Mexer delicadamente as folhas usando pauzinhos.
Tirar as folhas	● Ferva as folhas por cerca de 5 minutos. Quando as folhas ficarem escuras, verifique se é fácil de separar o mesofilo das nervuras. Se for sim, tire todas as folhas da água fervente e coloque-as em uma bacia de plástico cheia de água fria.	● Depois de as folhas ficarem escuras, verificar se é fácil de separar o mesofilo das nervuras. ● Após a separação do mesofilo, tirar todas as folhas da água fervente. ● Colocar as folhas na bacia de plástico com água limpa.
Remover o mesofilo	● Limpe suavemente a superfície das folhas cozidas com o cabo liso de uma escova de dentes. Separe o mesofilo das nervuras uma por uma e depois limpe a folha com água, até que todo o mesofilo seja removido.	● Limpar suavemente a superfície da folha com o cabo liso de uma escova de dentes. ● Depois de tirar o mesofilo, limpar a folha com água. ● Limpar a folha até que todo o mesofilo seja removido.
Limpar as nervuras	● Adicione o desinfetante 84 e a água limpa e fria em uma bacia de plástico na proporção de 1:24. Coloque as folhas sem mesofilo na solução. Tire as folhas da solução, limpe-as com água e seque-as até meio-secas.	● Adicionar o desinfetante 84 e a água limpa e fria na proporção de 1:24 em uma bacia de plástico. ● Descolorir as nervuras na solução. ● Lavar as nervuras com água e secá-las até meio-secas.
Tingir e secar	● Use pigmentos para tingir as nervuras das folhas com sua cor favorita. Use guardanapos para secar a água. Coloque-as em livros e jornais velhos para secar ainda mais e, por último, cobra-as com filme de laminação a frio e amarre a fita.	● Tingir as nervuras das folhas com sua cor favorita usando os pigmentos. ● Secar as folhas com guardanapos e depois colocá-las entre livros ou jornais velhos para secar mais. ● Após a secagem, cobrir as folhas com filme de laminação a frio e amarrar a fita.

Tabela 1.8 Tabela de Avaliação para a Produção de Marcadores de Página da Folha de Chá

Membro do grupo:

Conteúdo	Critério	Respostas	
		Sim	Não
Selecionar as folhas	Escolher folhas totalmente maduras com nervuras grossas e densas.		
Ferver as folhas	Despejar a solução de hidróxido de sódio a 10% em um bule e fervê-la.		
	Colocar as folhas lavadas.		
	Mexer delicadamente as folhas usando pauzinhos.		
Tirar as folhas	Depois de as folhas ficarem escuras, verificar se é fácil de separar o mesofilo das nervuras.		
	Quando é fácil de separar o mesofilo das nervuras, tire todas as folhas da água fervente.		
	Colocar as folhas na bacia de plástico com água limpa.		
Remover o mesofilo	Limpar suavemente a superfície da folha com a parte lisa do cabo da escova de dentes.		
	Limpar as nervuras com água.		
	Remover todo o mesofilo.		
Limpar as nervuras	Adicionar o desinfetante 84 e água limpa e fria na proporção de 1:24 na bacia de plástico.		
	Colocar as folhas sem mesofilos na solução para descolorir.		
	Lavar as nervuras com água e secá-las até meio-secas.		
Tingir e secar	Pintar as nervuras das folhas com sua cor favorita usando pigmentos.		
	Secar as folhas com guardanapos e colocá-las entre livros ou jornais velhos.		
	Após a secagem, cobri-las com filme de laminação a frio e amarrar a fita.		
Observar as nervuras	Preencher a tabela de observação das nervuras da folha de chá.		

Inspetor: Hora:

Perguntas e respostas

P: Qual tipo de folha é mais adequada para fazer marcador de página?

R: Escolha folhas com nervuras grossas e densas sempre que possível. Escolha as folhas no final do verão ou no outono, quando elas estiverem totalmente maduras e começando a envelhecer.

P: Depois de o mesofilo das folhas ser separado, qual solução deve ser usada para descolorir as nervuras?

R: É preciso usar o desinfetante 84, diluído em água na proporção de 1:24 para descolorir as nervuras.

P: Quando Xiaohong visitou o jardim de chá, ele também encontrou a camélia e a camélia oleífera. Essas duas plantas têm a palavra "camélia" em seus nomes, e as bordas de suas folhas também são serrilhadas. As folhas da camélia e da camélia oleífera podem ser usadas para fazer chá?

R: A camélia é uma planta ornamental e a camélia oleífera é usada principalmente para extração de óleo. Elas pertencem ao mesmo gênero das árvores de chá que usamos para fazer chá, mas são espécies diferentes, por isso as folhas delas não podem ser usadas no preparo de chá.

Conhecendo um pouco mais

Origem das árvores de chá

A China é o país onde as primeiras e mais silvestres árvores de chá foram descobertas. Em Yunnan, Guizhou, Guangxi, Sichuan e Hubei, muitas árvores silvestres de chá foram sendo descobertas pouco a pouco. *O Clássico do Chá*, escrito por Lu Yu da dinastia Tang, registrou tais frases: "As árvores de chá são as árvores preciosas do sul da China. Nas regiões de Bashan e Xiachuan, os galhos são tão grossos que é preciso o esforço de duas pessoas para cortar a árvore e colher suas folhas". Outro livro, *Crônica de Prefeito de Dali*, registrou: "A região Xiaguan tem árvores de chá com três metros de altura".

Após pesquisas e estudos de cientistas, as árvores de chá silvestres foram encontradas em quase 200 lugares em 10 províncias e regiões da China. Por exemplo, na aldeia Qianjia, da vila Heping, do distrito Jiujia, do condado Zhenyuan, da cidade Pu'er, da província Yunnan, se encontraram milhares de acres de árvores de chá silvestres.

Em 1961, uma árvore de chá silvestre com altura de 32,12 metros e com raio de 2,9 metros foi encontrada na densa floresta da Montanha Preta, no condado Menghai, na província Yunnan, com idade estimada em mais de 1700 anos. É a "rainha das árvores de chá" do tipo silvestre (morreu naturalmente em 2012). Além disso, também foram encontradas a "rainha das árvores de chá" (cerca de 800 anos) na Montanha Nannuo, no condado de Menghai, e a "rainha das árvores de chá", na Montanha Bangwei, no condado de Lancang, respetivamente. Todos os três tipos de "rainha das árvores de chá" foram encontrados na área de Xishuangbanna, na província de Yunnan. Como testemunha histórica do local de nascimento das árvores de chá, essas grandes árvores de chá foram listadas como árvores antigas protegidas para visitação por estudiosos nacionais e internacionais.

Objetivos de aprendizado

- Explicar o local das quatro principais áreas produtoras de chá.
- Explicar as características das quatro principais áreas produtoras de chá.

Conceito central

Áreas de chá da China: Geralmente se referem às áreas na China onde o chá é produzido, que podem ser divididas em quatro principais áreas de chá, sendo áreas de chá no sudoeste da China, áreas de chá no sul da China, áreas de chá em Jiangnan e áreas de chá em Jiangbei.

HABILIDADE TÉCNICA 1
Diferenciando as quatro principais áreas produtoras de chá

Informações relacionadas

Em 2020, o total das áreas de chá da China atingiu 3,165 milhões de hectares. Essas áreas de chá envolvem uma ampla região, começando da costa leste da província de Taiwan na China a 122 graus de longitude leste, até Yigong, região autônoma do Tibete, a 95 graus de longitude leste, de Yulin, Ilha de Hainan, a 18 graus de latitude norte ao sul, para Shandong Rongcheng a 37 graus de latitude norte ao norte. Com uma longitude oeste-leste de 27 graus e uma latitude norte-sul de 19 graus, existem 967 condados e cidades em 21 províncias (regiões autônomas e municípios) produzindo chá. Embora muitas províncias da China produzam chá, a produção ainda está concentrada nas províncias do Sul. Em termos globais, a China é o país que mais produz o chá verde, respondendo por quase 60% da produção total do chá verde mundial.

Áreas de chá no sudoeste da China

As áreas de produção de chá no sudoeste da China, incluindo Yunnan, Guizhou, Sichuan e sudeste do Tibete, são as áreas de chá mais antigas do país. Lá podem ser encontradas as origens das árvores de chá e uma variedade de árvores de chá. Atualmente, as maiores demandas de produção são para o chá preto, chá verde, chá Tuo, chá prensado e chá Pu'er.

Áreas de chá no sudoeste da China

Áreas de chá no sul da China

As áreas mais favoráveis para o crescimento das árvores de chá na China incluem Guangdong, Guangxi, Fujian, Hainan e Taiwan, que produzem principalmente o chá preto, chá Oolong, chá aromático e chá branco.

Áreas de chá no sul da China

Áreas de chá em Jiangnan

As áreas com o mercado de chá mais concentrado e de maior produção anual na China estão localizados no sul de Jiangsu, no sul de Anhui, no sul de Hubei, Zhejiang, Jiangxi, assim como na margem sul do curso médio e inferior do rio Changjiang. Há muitas variedades de chá, como chá preto, chá verde, chá Oolong e assim por diante, com grande produção e boa qualidade.

Áreas de chá em Jiangnan

Áreas de chá em Jiangbei

As áreas de produção de chá mais ao norte da China incluem as províncias de Shandong, Henan, Shaanxi e Gansu, bem como as áreas ao norte do curso médio e inferior do rio Changjiang, as áreas no norte de Anhui, no norte de Jiangsu e no norte de Hubei, onde é produzido principalmente o chá verde.

Atividade do capítulo

A casa de chá realizou hoje uma festa de boas-vindas para os convidados de Portugal. Eles estavam muito interessados nas áreas produtoras de chá na China e perguntaram: "Todas as regiões da China produzem chá?", Xiaohong apresentou as quatro principais áreas produtoras de chá no país para os convidados que visitaram o país pela primeira vez, assim eles entenderiam a situação geral da produção de chá na China.

As atividades didáticas serão realizadas de acordo com a simulação situacional acima.

1. Condições da atividade

- Ambiente da casa de chá
- Mapa das quatro principais áreas produtoras de chá da China

2. Organização da atividade

- Dividir os alunos em grupos de quatro pessoas, sendo duas delas os convidados e as outras os mestres de chá.
- Cada grupo praticará de acordo com a ordem sorteada.
- Enquanto um grupo fizer a apresentação, escolha outro grupo como inspetor.
- Analisar a atividade e escolher o grupo com melhor desempenho na atividade.

3. Segurança e precauções

- O mapa das quatro principais áreas produtoras de chá da China é nítido.
- O mapa das quatro principais áreas produtoras de chá da China está marcado com províncias.

4. Detalhes da atividade (consultar Tabela 1.9: Tabela de Atividade para a Apresentação das Quatro Principais Áreas de Chá)

5. Avaliação (consultar Tabela 1.10: Tabela de Avaliação para a Apresentação das Quatro Principais Áreas de Chá)

Tabela 1.9 Tabela de Atividade para a Apresentação das Quatro Principais Áreas de Chá

Conteúdo	Descrição	Critério
Apresentar a distribuição das quatro principais áreas de chá	● Apresentar as quatro principais áreas de chá. ● Apresentar a localização geográfica das quatro principais áreas de chá.	● O conteúdo é correto e nítido. ● A organização é clara e a expressão é fluente. ●Fala padrão, moderada e entonação suave.
Apresentar os principais tipos de chá em cada área	● Apresentar as províncias incluídas nas quatro principais áreas de chá. ● Apresentar as características do chá nas quatro principais áreas.	● A organização é clara, a expressão é suave e o conteúdo é correto. ●A voz é moderado, a entonação é cadenciada e emocionante.

Tabela 1.10 Tabela de Avaliação para a Apresentação das Quatro Principais Áreas de Chá

Mestre de chá:

Conteúdo	Critério	Respostas	
		Sim	Não
Apresentar a distribuição das quatro principais áreas de chá	A apresentação é correta e animada.		
	A apresentação é organizada e fluente.		
	Fala padrão, moderada e entonação suave.		
Apresentar os principais tipos de chá em cada área	A apresentação é organizada e fluente. O conteúdo é correto.		
	A voz é moderada. A entonação cadenciada e emocionante.		

Inspetor: Hora:

Perguntas e respostas

P: Onde ficam as áreas de chá mais antigas da China?

R: As áreas produtoras de chá mais antigas são as províncias no sudoeste da China, como Yunnan, Guizhou, Sichuan e sudeste do Tibete, que são locais de origem das árvores de chá e possuem recursos ricos e uma vasta variedade de árvores para a produção de chá.

P: Onde ficam as áreas com a maior produção anual de chá da China?

R: As áreas de chá em Jiangnan, localizadas no curso médio e inferior do rio Changjiang na China, são as áreas com a maior produção anual de chá na China, representando cerca de 2/3 da produção total do país.

P: Em uma tarde ensolarada, Xiaohong estava apresentando o chá Tieguanyin aos convidados, quando o Sr. Jiang perguntou: "O chá verde Tieguanyin é produzido nas áreas de chá em Jiangnan?" Xiaohong não tinha certeza sobre a origem do chá, então ele respondeu casualmente: "Sim". Depois de ouvir isso, o Sr. Jiang pareceu confuso e saiu da casa de chá. Havia algo errado na resposta de Xiao Hong?

R: Tieguanyin é um tipo de chá Oolong produzido nas áreas de chá no sul da China. Como mestre de chá, Xiaohong deveria conhecer os tipos de chá aos quais o produto pertence e saber as principais áreas de produção desse tipo de chá. Ele também deveria ter um conhecimento amplo das quatro principais áreas produtoras de chá do país.

Conhecendo um pouco mais

Divulgação internacional da arte chinesa do chá

Atualmente, há mais de 160 países no mundo, com cerca de 3 bilhões de pessoas bebendo chá e mais de 50 países cultivando chá. No entanto, a China foi o primeiro país a cultivar e beber chá. As árvores e folhas de chá, técnicas de produção e métodos de consumo de chá em outros países foram introduzidos direta e indiretamente da China. Além disso, a pronúncia de "chá" em vários países do mundo também evoluiu dos dialetos do norte e do sul da China. Como "tea" em inglês, "tee" em francês, "tee" em alemão, "te" em italiano e espanhol, "thee" em holandês, "they" no Sri Lanka, "tey" no sul da Índia e "thea" em latim etc., são todos traduzidos literalmente do Hokkien "tea", pronúncia (dei). A pronúncia de chá em russo, "cha" em japonês e "cha" em indiano é uma tradução literal da pronúncia de "chá" chinês, da qual prova que a cidade natal do chá é a China.

Objetivos de aprendizado

- Explicar o critério para a classificação dos seis principais tipos de chá.
- Identificar os seis principais tipos de chá.
- Descrever os seis principais tipos de chá conforme as características do processo de produção.

Conceito central

Seis principais tipos de chá: Há muitos tipos de chá na China. Atualmente, é amplamente reconhecido que o chá é dividido em seis tipos de acordo com o método de processamento e a cor: chá verde, chá branco, chá amarelo, chá oolong, chá preto e chá escuro.

HABILIDADE TÉCNICA 2
Descrevendo os seis principais tipos de chá

Informações relacionadas

O método de classificação para os seis principais tipos de chá foi proposto pela primeira vez pelo professor Chen Chuan, da Universidade Agrícola de Anhui, em 1979. Ele dividiu as variedades de chá da China em seis categorias, sendo chá verde, chá branco, chá amarelo, chá oolong, chá preto e chá escuro. A classificação é baseada principalmente no método de processamento do chá e no grau de oxidação dos polifenóis.

Conheça o processo de produção e as características dos seis principais tipos de chá, consulte mais detalhes na Tabela 1.11 e na Tabela 1.12.

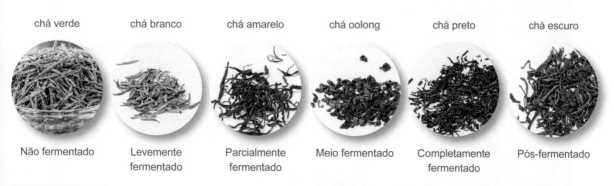

chá verde	chá branco	chá amarelo	chá oolong	chá preto	chá escuro
Não fermentado	Levemente fermentado	Parcialmente fermentado	Meio fermentado	Completamente fermentado	Pós-fermentado

Baixo **Grau de fermentação** **Alto**

Seis principais tipos de chá na China

19

Tabela 1.11 Seis principais tipos de chá na China

Chá verde	Tipo de chá	Não fermentado
	Processo de produção	Fixação - rolagem – secagem
	Etapa chave	Fixação
	Características	O chá verde é atualmente o tipo de chá mais produtivo na China. Seu chá seco e sopa de chá têm todos como tom principal a coloração verde, daí o nome "chá verde".
	Exemplos	Longjing Biluochun Zhuyeqing
Chá branco	Tipo de chá	Levemente fermentado
	Processo de produção	Murchamento – secagem
	Etapa chave	Murchamento
	Características	O chá branco pode ser dividido em cinco tipos: Baihao Yinzhen, Peônia Branca, Gongmei, Shoumei e Novo Chá Branco, conforme as diferentes variedades de árvores de chá e padrões de colheita das matérias-primas (folhas frescas). Sua principal característica é que o chá seco tem fios prateados brancos, e a sopa de chá tem um sabor suave e delicioso.
	Exemplos	Baihao Yinzhen Peônia Branca
Chá amarelo	Tipo de chá	Parcialmente fermentado
	Processo de produção	Fixação - rolagem - empilhamento para amarelecimento – secagem
	Etapa chave	Empilhamento para amarelamento
	Características	A tecnologia de produção do chá amarelo é semelhante à do chá verde. Mas é adicionada antes ou depois de secagem uma etapa de "empilhamento para amarelecimento", que tem por objetivo promover a oxidação de seus polifenóis, clorofila e outras substâncias. De acordo com a idade das folhas frescas e o tamanho das folhas e dos botões, é dividido em chá amarelo, chá amarelo pequeno e chá amarelo grande. As características do chá amarelo são suas folhas amarelas e sopa amarela.
	Exemplos	Chá amarelo de Guangdong

Chá oolong	Tipo de chá	Meio fermentado
	Processo de produção	Murchamento - peneiragem - fixação - rolagem – secagem
	Etapa chave	Peneiragem
	Características	Há muitas variedades de chá oolong, que é um tipo de chá com características tipicamente chinesas. É produzido principalmente nas províncias Fujian, Guangdong e Taiwan. Ao saboreá-lo, ele deixa uma fragrância persistente na boca, com sabor doce no início e fresco no final.
	Características	 Tieguanyin Fenghuang Dancong Dahongpao
Chá preto	Tipo de chá	Completamente fermentado
	Processo de produção	Murchamento – rolagem (corte) - fermentação – secagem
	Etapa chave	Fermentação
	Características	O chá preto foi chamado de "chá oolong" quando foi feito pela primeira vez, com as características de chá preto, sopa vermelha, folhas vermelhas e um sabor doce e suave.
	Exemplos	 Zhengshan Xiaozhong Dianhong Gongfu Jinjunmei
Chá escuro	Tipo de chá	Pós-fermentado
	Processo de produção	Fixação - rolagem - empilhamento – secagem
	Etapa chave	Empilhamento
	Características	O chá escuro recebeu esse nome devido à sua aparência preta. Suas principais áreas produtoras são Sichuan, Yunnan, Hubei, Hunan, Shaanxi e Guangxi. A matéria-prima utilizada para a produção do chá escuro tradicional tem uma maturidade relativamente alta e é a principal matéria-prima para fazer o chá prensado.
	Exemplos	 Chá escuro de Anhua (em forma de tijolo) Chá de Pu'er

Tabela 1.12 Processo de Produção do Chá

Processo de produção	Descrição
Murchamento	Foi dividido em murchamento ao sol e murchamento sem sol. Espalhe as folhas frescas colhidas com uma leve espessura, para que as folhas frescas percam parte da umidade e fiquem macias.
Peneiragem	As folhas de chá murchas são peneiradas em uma peneira de bambu, para que as células da superfície da folha sejam danificadas pelo atrito, estimulando assim as substâncias aromáticas.
Fixação	A maioria das folhas são fritas em uma panela. Por fixação, a atividade das enzimas nas folhas frescas é completamente destruída, o aroma da frescura das folhas é emitido, o aroma do chá é melhorado e uma parte da água é evaporada, o que é conveniente para rolagem e formação.
Rolagem	Através da força externa, as células das folhas são esmagadas, enroladas e transformadas em tiras. O volume vai ser reduzido, de modo que as folhas de chá sejam formadas novamente, o que estabelece uma boa base para a formação de fritura e secagem.
Fermentação	A fermentação é uma série de processos de mudança química da oxidação de polifenóis sob a ação de enzimas.
Empilhamento	Com base na inibição do efeito enzimático, os blocos de chá molhados com alto teor de água são empilhados e cobertos com pano úmido, capas de chuva ou de palha, etc., assim elas ficam aquecidas e hidratadas.
Secagem	Promove a reação termoquímica das substâncias contidas no chá, a fim de melhorar o aroma e o sabor do chá. Com base na rolagem, a forma é configurada, a umidade excessiva é evitada, além de evitar o mofo devido ao armazenamento. Há três métodos de secagem: assar, fritar e secar ao sol.

Atividade do capítulo

No Dia Internacional do Chá, a casa de chá realizará uma atividade para popularizar o conhecimento científico sobre os seis principais tipos de chá. Os convidados querem saber sobre o chá e perguntam: "Que tipo de chá é esse?", "Quais são os seis principais tipos de chá?", "Qual tipo de chá é o Longjing? Como ele é feito?". Xiaoqing, como assistente do mestre de chá, foi responsável por responder às dúvidas dos convidados no evento e apresentar os nomes e as características dos seis tipos de chá.

As atividades didáticas serão realizadas de acordo com a simulação situacional acima.

1. Condições da atividade

- Ambiente da casa de chá
- Preparação dos materiais: folhas de chá dos seis principais tipos de chá (Longjing, Zhengshan Xiaozhong, Anxi Tieguanyin, Peônia Branca, Mengding Huangya e Pu'er), jogo de chá (com 6 suportes para chá)

2. Organização da atividade

- Dividir os alunos em grupos de quatro pessoas, sendo uma delas o mestre de chá e as outras os convidados.

● Cada grupo praticará de acordo com a ordem sorteada e apresentará as folhas de chá dos seis principais tipos de chá.

● Quando o grupo estiver apresentando, escolha outro grupo como inspetor.

● Analisar a atividade e selecionar o grupo com melhor desempenho na atividade.

3. Segurança e precauções

● A identificação é baseada principalmente na forma e na cor das folhas de chá.

● Ao observar a forma das folhas de chá, sinta o aroma do chá seco.

● Após a observação das folhas de chá, guarde-as para evitar que molhem.

4. Detalhes da atividade (consultar a Tabela 1.13: Tabela de Atividade para a Identificação da Forma do Chá)

5. Avaliação (consultar a Tabela 1.14: Tabela de Avaliação para a Identificação da Forma do Chá)

Tabela 1.13 Tabela de Atividade para a Identificação da Forma do Chá

Conteúdo	Descrição	Critério
Preparar folhas de chá	● Preparar folhas dos seis principais tipos de chá. ● Colocá-las separadamente em suportes para chá brancos.	● Folhas de chá frescas, inteiras e representativas. ● Os suportes para chá estão limpos.
Identificar as folhas de chá	● Nomear as folhas de chá de acordo com o método de produção e as características de aparência dos seis principais tipos de chá.	● Nomear corretamente as folhas de chá. ● Identificar corretamente os seis tipos de folhas de chá.

Tabela 1.14 Tabela de Avaliação para a Identificação da Forma do Chá

Mestre de chá:

Conteúdo	Critério	Respostas	
		Sim	Não
Preparar folhas de chá	Todos os tipos de chá estão preparados.		
	Os suportes para chá estão limpos.		
Identificar as folhas de chá	Nomear corretamente as folhas de chá de acordo com as características das suas formas.		
	Identificar corretamente os seis tipos de folhas de chá.		
	Limpar a mesa de chá depois do evento.		

Inspetor: Hora:

Perguntas e respostas

P: Qual é o critério para a classificação dos seis principais tipos de chá?

R: A classificação é feita com base nos métodos de produção de folhas de chá e nos graus de oxidação dos polifenóis do chá.

P: Quais são os seis principais tipos de chá?

R: Chá verde, chá branco, chá amarelo, chá oolong, chá preto e chá escuro.

P: Xiaoming foi responsável pela recepção diária durante seu estágio em uma casa de chá. Um cliente falou que queria beber chá verde, então Xiaoming pegou um Tieguanyin marrom-esverdeado para preparar o chá, mas o cliente questionou que o chá não era chá verde. Xiaoming acreditava que como a aparência e a cor da sopa de Tieguanyin são verdes, então, que o chá deveria ser chá verde. Quem tinha razão?

R: Xiaoming estava errado. Tieguanyin é chá oolong, em vez de verde. O chá verde tem a aparencia verde e a cor de sopa verde, mas essas características não são necessariamente do chá verde, também podem ser do chá oolong.

Conhecendo um pouco mais

Os 10 chás mais famosos da China

O chá chinês tem uma longa história e uma grande variedade, e tem também muito prestígio no mercado internacional.

Há um grande número de chás mais famosos na China, abaixo estão apresentados alguns exemplos:

Em 1915, a Exposição Internacional do Panamá listou Biluochun, Xinyang Maojian, Longjing, Junshan Yinzhen, Huangshan Maofeng, chá de Wuyi, chá preto Qimen, Duyun Maojian, Lu'an Guapian e Anxi Tieguanyin como os dez principais chás famosos da China.

Em 1959, o prêmio de "10 chás famosos da China" listou Dongting Biluochun, Nanjing Yuhua, Huangshan Maofeng, Lushan Yunwu, Lu'an Guapian, Junshan Yinzhen, Xinyang Maojian, chá de Wuyi, Anxi Tieguanyin e chá preto Qimen como os 10 chás mais famosos da China.

Em 1999, *Diário Libertação* listou Jiangsu Biluochun, West Lake Longjing, Anhui Maofeng, Lu'an Guapian, Enshi Yulu, Fujian Tieguanyin, Fujian Yinzhen, Yunnan Pu'er, Fujian Yuncha, Jiangxi Lushan Yunwu como os dez chás mais famosos da China.

Em 2001, Imprensa Associada e *o Diário de Nova Iorque* listaram Huangshan Maofeng, Dongting Biluochun, Mengding Ganlu, Xinyang Maojian, West Lake Longjing, Duyun Maojian, Lushan Yunwu, Anhui Guapian, Anxi Tieguanyin e Suzhou Jasmim como os principais dez chás mais famosos da China.

Em 2002, *o Jornal Wenhui* de Hong Kong listou o Longjing, Jiangsu Biluochun, Anhui Maofeng, Hunan Junshan Yinzhen, Xinyang Maojian, chá preto Qimen, Anhui Guapian, Duyun Maojian, chá de Wuyi, Fujian Tieguanyin como os dez chás mais famosos da China.

2 Preparação para a cerimônia do chá

Conhecimentos-chave do capítulo:
Controle de higiene, aparência e
comportamentos do mestre de chá.

寒夜客来茶当酒，竹炉汤沸火初红。

寻常一样窗前月，才有梅花便不同。

——南宋·杜耒《寒夜》

Objetivos de aprendizado

- Explicar as regras de higiene na casa de chá.
- Concluir a limpeza do ambiente da casa de chá de acordo com os requisitos.

Conceito central

Gestão ambiental: A gestão ambiental da casa de chá ajuda a criar um bom ambiente operacional e proporciona um local confortável para os convidados, tendo por objetivo melhorar a qualidade e a eficiência do trabalho do mestre de chá.

Parte 1

CONTROLE DE HIGIENE

HABILIDADE TÉCNICA 1
Mantendo a limpeza do ambiente conforme os requisitos

Informações relacionadas

Regras de higiene na casa de chá

- As mesas e as cadeiras estão organizadas, o chão e a janela estão limpos.
- Fazer a limpeza regular duas vezes por dia e fazer a limpeza total uma vez por semana, garantindo os "três sem" (sem mosquitos, sem aranhas e sem moscas).
- Não vender produtos de chá estragados ou contaminados.
- Os jogos de chá utilizados pelos convidados estão lavados, desinfetados e limpos.

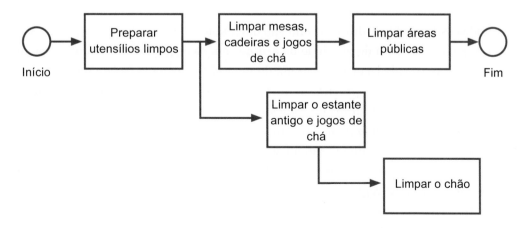

Etapas para a Limpeza da Casa de Chá

As áreas públicas na casa de chá devem estar sempre limpas

● Os mestres de chá usam roupas limpas no trabalho, além de lavar e desinfetar as mãos antes do trabalho e depois de usar o banheiro.

● Não há sujeira no bule, e a água usada para fazer o chá é fervida.

● Os mestres de chá não podem usar anéis, pulseiras ou unhas pintadas durante o trabalho.

Regras de higiene para o armazenamento de chá

● O local é usado exclusivamente para o armazenamento de chá, e tem instalações e medidas de ventilação, refrigeração e desinfecção para evitar roedores, moscas, umidades e mofos. Os equipamentos de ventilação e desumidificação devem funcionar normalmente.

● Os produtos de chá devem ser classificados e divididos nas prateleiras. Todos os tipos de produtos de chá são devidamente rotulados, refrigerados e congelados na data de validade de acordo com os requisitos de armazenamento.

● É preciso estabelecer um sistema de inspeção e registro para a entrada e saída no armazém. É preciso manter inspeções regulares e frequentes de modo a garantir que os produtos de chá estejam dentro do prazo de validade, não sejam estragados pelo mofo e insetos, além de limpar com antecedência os produtos de chá que não atendem aos requisitos de higiene.

● As janelas do armazém devem ficar abertas com frequência para ventilação, devem ser limpas regularmente, pelo menos uma vez por semana.

Regras de higiene para venda de produtos de chá

● Ao vender os produtos de chá, é preciso escrever o nome do produto, nome e endereço da fábrica, data de produção e prazo de validade, entre outros. Ao comprar os produtos de chá, é preciso solicitar ao fornecedor o relatório de inspeção emitido pelo órgão de fiscalização. É estritamente proibida a compr a e venda de produtos de chá sem logos de marca nítidos ou sem informações compeltas na etiqueta.

● Os produtos de chá vendidos não têm cheiro desagradável e de mofo. É proibido vender produtos de chá estragados, com insetos, adulterados e misturados com outras substâncias, além de produtos que não estão dentro do prazo de validade e não atendem aos regulamentos de higiene.

● Os produtos de chá a granel para consumo diário devem ser vendidos em embalagens pequenas, usando ferramentas e materiais de embalagem não tóxicos, inodoros e limpos. É proibido o uso de embalagens usadas para produtos de chá. As ferramentas devem ser cuidadosamente limpas e desinfetadas antes do trabalho.

● Os funcionários usam uniformes limpos e mantêm as unhas, cabelos e barbas curtos, não usam anéis e unhas pintadas, não fumam durante o trabalho nem usam perfume forte.

Regras para a compra de produtos de chá

● Os produtos de chá devem possuir as características ideais em termos de cor, aroma, sabor e forma. Não deve comprar produtos de chá estragados, mofados ou produtos que não atendam aos requisitos de higiene.

● Ao comprar produtos de chá pré-embalados, a etiqueta deve ser impressa com nome do produto nítido, nome e endereço da fábrica, data de produção, prazo de validade, etc.

● É estritamente proibido transportar produtos de chá em conjunto com outros produtos em um mesmo veículo. Os transportes para produtos de chá não podem ser usados para outros fins, de modo a evitar a mistura de outros produtos no chá.

● Os produtos de chá devem ser avaliados pelo gerente da loja antes do armazenamento. Os produtos que não atendem aos requisitos de qualidade serão devolvidos.

Regras para o controle de pragas

● A porta do armazém deve ser equipada com placas anti-roedores de superfície lisa e de 50 cm de altura.

● Ratos, baratas ou outras pragas devem ser mortos assim que forem

Armazenamento dos produtos de chá

encontrados, e os equipamentos elétricos para matar insetos devem ficar ligados durante 24 horas.

● É preciso colocar inseticidas em buracos de rato ou de barata assim que forem encontrados, além de limpar e fechar esses buracos com materiais rígidos e adequados.

Regras para a inspeção diária de higiene

● O gerente da loja deve fazer inspeções diárias de higiene nas áreas públicas.

● A higiene dos jogos e produtos de chá é da responsabilidade do mestre de chá.

● A caixa registradora deve estar limpa, os objetos encontrados na mesa devem estar organizados e limpos.

● A inspeção de higiene deve ser feita semanalmente pelos departamentos responsáveis.

Atividade do capítulo

Hoje é o dia de limpeza. Xiaohong, responsável pela limpeza da casa de chá, pretende seguir rigorosamente os requisitos para o controle de higiene e limpar bem a casa de chá.

As atividades didáticas serão realizadas de acordo com a simulação situacional acima.

1. Condições da atividade

● Ambiente da casa de chá
● Ferramentas de limpeza
● Produtos de limpeza

2. Organização da atividade

● Dividir os alunos em grupos de quatro pessoas, sendo duas delas os convidados e as outras os mestres de chá.

● Cada grupo praticará de acordo com a ordem sorteada.

● Quando um grupo fizer a limpeza, escolha outro grupo como o inspetor.

● Analisar a atividade e selecionar o grupo com melhor desempenho na atividade.

3. Segurança e precauções

● Usar luvas de proteção na limpeza.
● Separar panos secos e molhados.
● Usar corretamente os produtos de limpeza.
● Usar corretamente as ferramentas de limpeza.

4. Detalhes da atividade (consultar Tabela 2.1: Tabela de Atividade para a Limpeza da Casa de Chá)

5. Avaliação (consultar Tabela 2.2: Tabela de Avaliação para a Limpeza da Casa de Chá)

Tabela 2.1 Tabela de Atividade para a Limpeza da Casa de Chá

Conteúdo	Descrição	Critério
Higiene das áreas públicas	●Fazer a l impeza regular duas vezes por dia e a limpeza profunda uma vez por semana.	●As mesas e as cadeiras estão arrumadas, o chão está limpo, o vidro está brilhante, sem marcas de dedo, sem moscas e aranhas.
Higiene dos jogos de chá	●Lavar, desinfetar e limpar o jogo de chá após o uso.	●Depois de o jogo de chá ser desinfetado, deve ficar totalmente limpo e seco, sem manchas de água.
Qualidade do chá	●Os diferentes tipos de chá possuem aromas diferentes.	●Todos os tipos de chá têm sua própria fragrância, e é preciso verificar a qualidade do chá pelo cheiro.
Requisitos de higiene pessoal para mestre de chá	●Usar o traje de chá. ●Trocar e lavar diariamente o traje de chá.	●O cabelo do mestre de chá está preso e a franja na testa não cobre as sobrancelhas. É proibido o uso de anéis, pulseiras e unhas pintadas durante o trabalho. ●As roupas estão limpas e sem manchas.
Limpeza das mãos	●Usar sabão líquido. ●Lavar com água.	●As mãos estão limpas e secas.

Tabela 2.2 Tabela de Avaliação para a Limpeza da Casa de Chá

Mestre de chá:

Conteúdo	Critério	Respostas	
		Sim	Não
Higiene das áreas públicas	As mesas e as cadeiras estão limpas e arrumadas.		
	O chão está limpo.		
	O vidro está brilhante e sem marcas de dedo.		
Higiene dos jogos de chá	Os jogos de chá estão desinfetados.		
	Os jogos de chá estão limpos, sem manchas de chá.		
	Os jogos de chá estão secos, sem manchas de água.		
Qualidade do chá	A embalagem não tem danos.		
	O produto está dentro do prazo de validade.		
Requisitos de higiene pessoal para mestre de chá	O cabelo está preso e a franja na testa não cobre as sobrancelhas.		
	Não usa anéis nem pulseiras.		
	Não pinta as unhas.		
	As roupas estão limpas e sem manchas.		
Limpeza das mãos	As mãos estão limpas e secas.		

Inspetor: Hora:

Perguntas e respostas

P: Antes de abrir a loja, o gerente verificará se o jogo de chá está limpo. Quais são os requisitos de higiene?

R: Verifique com atenção e cuidado cada xícara de chá, tigela de chá com tampa e xícara da justiça. Todas as peças do jogo de chá não devem ter defeitos, rachaduras, manchas de chá e de água. O revestimento do bule está sem calcário. Os panos e até os cantos das mesas estão sem manchas de chá e sem poeira. Os utensílios acessórios estão limpos e sem nenhuma poeira.

P: Quais são as áreas e objetos que o mestre de chá precisa inspetar no trabalho?

R: Verifique se as áreas públicas, como portão, salão e chão, estão limpos e sem poeira nas superfícies. A higiene do banheiro deve ser verificada para garantir que: ①O chão esteja sem mau cheiro e respingos de água; ②Não haja manchas de urina e fezes no vaso sanitário; ③Não haja sujeira no lavatório; ④A torneira funciona bem e quando fechada fica sem vazamento de água; ⑤Haja sabão suficiente no porta-sabão e que ele funcione normalmente; ⑥Haja papel higiênico suficiente; ⑦O secador de mãos funcione normalmente.

P: Xiaoyu é uma estagiária nova da casa de chá. Quando os convidados pediram chá Pu'er, Xiaoyu acendeu imediatamente a lâmpada de álcool para ferver água e trouxe bandeja de chá, bule, pires, xícaras e outros itens, mas ela não fez o passo de molhar e despertar o chá. Em vez disso, serviu diretamente o primeiro chá preparado para os convidados. Ao ver isso, o convidado que vinha várias vezes ao local olhou para Xiaoyu com muita surpresa e já não quis beber o chá. Por que aconteceu essa situação constrangedora?

R: Xiaoyu não aqueceu a xícara para os convidados, nem prestou atenção à higiene durante o preparo do chá, sendo que se esqueceu de limpar o pó no chá, o que causou a insatisfação do convidado. Todos os passos durante o preparo do chá devem ser feitos de acordo com os requisitos de higiene. Cada detalhe afetará a libertação de nutrientes e de aroma do chá.

Conhecendo um pouco mais

A qualidade da sopa de chá depende da qualidade de água usada

Os fatores que afetam a sopa de chá incluem:

Teor de minerais: Quando o teor de minerais na água é alto, a sopa de chá terá a cormais escura, com menos aroma e pouca refrescância no sabor, e portanto, esse tipo de água não é adequado para o preparo de chá. É melhor usar água com baixo teor de minerais, que é favorável para libertar as próprias características do chá e é favorável para fazer chá. A água pura sem minerais tem também pouca refrescância no sabor e não é propícia para a dissolução de alguns minerais no chá, por isso também não é ideal para o preparo de chá. Se a "condutividade" for usada para descrever os minerais na água, a água de 10 a 80 graus é mais adequada para o chá, enquanto a água acima de 150 graus é pouco favorável. Portanto, é essencial saber se a água vendida no mercado é adequada ou não para o preparo de chá.

Teor de desinfetante: Se a água contiver cloro, deverá ser filtrada com carvão ativado antes de ser bebida. É melhor ferver a água devagar por algum tempo, ou deixá-la destampada em alta temperatura por algum tempo, caso contrário, o cloro irá interferir no sabor e na qualidade da sopa de chá.

Teor de ar: Se o teor de ar na água for alto, será propício à libertação do aroma do chá e o sabor ficará forte. Normalmente, o que chamamos de "água viva" é mais adequada para fazer chá, principalmente porque o teor de ar na água viva é alto. Por esse motivo, a água não deve ser fervida por muito tempo, para que o teor de ar na água não diminua muito.

Teor de impurezas e bactérias: Quanto a água tem menos impurezas e bactérias, é melhor para o preparo de chá. Geralmente, os equipamentos de filtragem de água de alta densidade podem isolar essas substâncias, e também é possível reduzir a quantidade de bactérias com a fervura. Como a qualidade de água é influenciada pelo teor de minerais, impurezas e bactérias, nem toda a água de nascente de colina e de montanha é ideal para fazer chá.

Evite usar bules de metal para ferver a água. É recomendado usar bules de barro, e a saída de água não deve ser muito grande, pois geralmente é mais comum fazer chá em bule para duas ou quatro pessoas, no máximo para oito pessoas. Se a saída de água for muito grande, será difícil controlar a quantidade de chá ao servir.

HABILIDADE TÉCNICA 2

Aprendendo a decoração do espaço de chá conforme os requisitos

Objetivos de aprendizado

- Apresentar as etapas para a decoração do espaço de chá.
- Fazer a decoração do espaço de chá de acordo com os requisitos.

Conceito central

Espaço de chá: O espaço de chá é uma combinação entre o espaço, o chá e outras formas de arte, levando o chá como a sua alma e o jogo de chá como o corpo principal. Em sentido amplo, o espaço de chá inclui vários elementos, como pátio, sala, música, caligrafia e pintura tradicionais, incensos, flores e jogo de chá, enquanto a definição restrita do espaço de chá se refere apenas ao espaço para fazer e beber chá. De modo geral, o espaço de chá é usado para atividades relacionadas ao chá, tendo uma estética única com características da cultura do chá e refletindo o entendimento cultural do mestre de chá.

Espaço de chá

Informações relacionadas

Etapas para a Decoração do Espaço de Chá

A decoração do espaço de chá é composta por vários elementos básicos, cada um deles tem suas próprias funções, mas devem seguir determinadas regras. Devido às diferenças de estilo de vida, de origens culturais, de ideologias e de personalidades, as pessoas têm escolhas diferentes sobre os elementos utilizados para a decoração de um espaço de chá. Abaixo se apresentam alguns detalhes sobre a decoração do espaço de chá que devem ser seguidos na arte chinesa do chá.

Chá: O chá é o elemento mais importante, ou seja, a base para o espaço de chá. Em todas as expressões artísticas da cultura do chá, ele é considerado tanto como a fonte quanto como o objetivo. A cor do chá afeta a cor geral do espaço de chá, e a forma do chá é a manifestação artística da decoração do espaço de chá, portanto, é muito comum fazer a decoração do espaço de chá com base nas características das folhas de chá.

Jogo de chá: O jogo de chá é o objeto principal na mesa de chá. A sua característica básica consiste na combinação do uso prático e do valor artístico. Um espaço de chá tem normalmente quatro tipos de utensílios: utensílios principais, como tigelas de chá, bule, copos de vidro, etc.; utensílios auxiliares, como xícaras, copo da justiça, suportes para chá, toalha de limpeza, etc.; utensílios para a preparação de água, como chaleira instantânea, garrafas de água, tigela de água, etc.; e utensílios para o armazenamento do chá, como lata e jarra de chá, etc. De acordo com seus usos, os seus usos, os utensílios são organizados de forma estruturada e artística, de modo a salientar um determinado tema e a conotação cultural do espaço de chá.

Jogo de chá

Roupa de mesa: A roupa de mesa é a toalha usada na decoração do espaço de chá, que possui várias texturas, como tecidos e materiais vegetais, e que destaca vários temas e características culturais de uma determinada região. O uso da roupa de mesa também é para evitar que os utensílios de chá entrem em contato direto com a superfície da mesa, de modo a manter os utensílios limpos.

As quatro artes dos literatos da dinastia Song: As quatro artes se referem a diancha, flores, pinturas tradicionais e incensos. Em um espaço moderno de chá, além da técnica de diancha, os outros três fatores também devem ser salientados:

● **Flores:** Com o processamento artístico, as flores e folhas frescas serão configuradas em formas mais elegantes, que carregam certas ideologias e emoções. A decoração com flores no espaço de chá é principalmente para mostrar o espírito do chá e salientar a natureza, a simplicidade e a elegância. Geralmente se usa apenas um ou dois ramos de flores na decoração do espaço de chá, com o objetivo de salientar a beleza, a simplicidade e a elegância desse espaço.

● **Pinturas tradicionais:** Se referem às pinturas tradicionais chinesas e também aos livros (principalmente a caligrafia chinesa) que são usados para a decoração do espaço de chá. Os elementos tradicionais ajudam a criar uma atmosfera especial e refletem uma ideologia específica do espaço de chá, fazendo com que o ambiente seja confortável para os convidados apreciarem o chá.

●**Incensos:** Queimar incensos não é apenas uma forma artística, mas é uma parte integrada na arte chinesa do chá, permitindo que o espaço de chá esteja com seu belo aroma, e fazendo com que o ambiente seja confortável para os convidados apreciarem o chá.

Outros acessórios no espaço de chá:

● **Artes manuais:** Ajudam a construir um tema especial no espaço de chá e, em certas condições, também desempenham um papel para aprofundar esse tema que o ambiente pretende criar.

● **Petiscos e doces:** São bons acompanhamentos para o chá. Suas principais características são: peso e volume mais leves, produção fina e estilo elegante. Os petiscos e doces no espaço de chá podem refletir precisamente a delicadeza e o carinho do mestre de chá.

● **Fundo ou decoração:** A decoração inteira permite que o convidado entenda melhor a conotação ideológica transmitida pela arte chinesa do chá.

Artigos decorativos para o espaço do chá: flores, caligrafia, incensos, petiscos e doces

Atividade do capítulo

O bambu tem uma longa história na China. Os registros escritos sobre "bambu" apareceram desde os tempos antigos. Há registros em clássicos como *Yijing*, *Shujing*, *Clássico da Poesia*, *Clássico dos Ritos*, *Ritos de Zhou*, *Erya*, *Clássico das Montanhas e dos Mares*.

Organize o espaço de chá com tema de "bambu", usando o chá Zhuyeqing.

As atividades didáticas serão realizadas de acordo com a simulação situacional acima.

1. Condições da atividade

- Ambiente da casa de chá
- Utensílios de chá e itens auxiliares

2. Organização da atividade

- Dividir os alunos em grupos de quatro pessoas, sendo duas delas os convidados e as outras os mestres de chá.
- Cada grupo praticará de acordo com a ordem sorteada.
- Enquanto um grupo estiver fazendo a decoração, escolha outro grupo como inspetor.
- Analisar a atividade e selecionar o grupo com melhor desempenho na atividade.

3. Segurança e precauções

- O jogo de chá não está danificado.
- As folhas de chá estão frescas, e a decoração com flores e pinturas são colocadas cuidadosamente.
- Na atividade, coloque a chaleira instantânea em um local onde não seja facilmente esbarrada e a tomada do cabo do carregador é utilizada de forma segura.
- Todas as peças para a decoração devem ser usadas com cuidado.

4. Detalhes da atividade (consultar Tabela 2.3: Tabela de Atividade da Decoração do Espaço de Chá com Tema de "Bambu")

5. Avaliação (consultar Tabela 2.4: Tabela de Avaliação para a Decoração do Espaço de Chá com Tema de "Bambu")

Perguntas e respostas

P: Como devemos planejar o tema ao decorar o espaço de chá?

R: De acordo com as características do tema, escolha os utensílios de chá que destaquem as suas características e a qualidade dos produtos de chá. Planeje primeiro para determinar a estrutura geral e a decoração da mesa de chá.

P: Como organiza os utensílios para destacar o tema do espaço de chá?

R: A organização dos utensílios deve estar de acordo com o tema, prestando atenção à beleza e ao uso prático da mesa, além de salientar o significado do tema.

Tabela 2.3 Tabela de Atividade da Decoração do Espaço de Chá com Tema de "Bambu"

Conteúdo	Descrição	Critério
Planejar a decoração do espaço de chá	● Escolha as tigelas cobertas de porcelana verde para a decoração do espaço de chá de acordo com as características do chá Zhuyeqing.	● Escolher as tigelas cobertas de porcelana verde de acordo com as características do chá Zhuyeqing. ● Ter uma ideia geral para a decoração.
Preparar os utensílios necessários	● Prepare os utensílios de acordo com o tema da decoração do espaço de chá. O fundo deve destacar o tema e a apresentação deve destacar o significado cultural do bambu.	● Preparar os utensílios de acordo com o tema e as características da decoração da arte chinesa do chá. ● O fundo deve destacar o tema. ● A apresentação deve destacar o significado cultural do bambu. ● Os utensílios são completos em variedade.
Colocar os utensílios	● Os utensílios são colocados para destacar a beleza e o uso prático da mesa, além de salientar o significado cultural do "bambu".	● A colocação dos utensílios salienta a beleza e o uso prático da mesa. ● Salientar o significado cultural do "bambu".
Mostrar a decoração e apresentar o tema do espaço de chá	● Siga um ritmo moderado na apresentação; escolha vestimentas que combinem com o tema; se expresse de forma clara.	● O ritmo da apresentação é moderado. ● Os trajes escolhidos combinam com o tema. ● Expressar-se de forma clara.
Guardar os utensílios	● Coloque todos os utensílios no lugar certo. ● Siga as normas de higiene.	● Todos os utensílios são colocados no lugar certo e de forma correta. ● A higiene está de acordo com o critério.

Tabela 2.4 Tabela de Avaliação para a Decoração do Espaço de Chá com Tema de "Bambu"

Mestre de chá:

Conteúdo	Critério	Respostas	
		Sim	Não
Planejar a decoração do espaço de chá	Escolher as tigelas cobertas de porcelana verde de acordo com as características do chá Zhuyeqing.		
	Ter uma ideia geral para a decoração.		
Preparar os itens e a apresentação	Preparar os utensílios de acordo com o tema e as características da decoração da arte chinesa do chá.		
	O fundo destaca o tema.		
	A apresentação destaca o significado cultural do bambu.		
	Variedade completa de utensílios necessários.		
Mostrar jogo de chá e outros itens	A colocação dos utensílios salienta a beleza e o uso prático.		
	Salientar o sigfinicado cultural do "bambu".		
Colocar os itens	O ritmo da apresentação é moderado.		
	Os trajes escolhidos combinam com o tema.		
	Expressar-se de forma clara.		
Guardar os itens	Todos os utensílios são colocados no lugar certo e de forma correta.		
	A higiene está de acordo com o critério.		

Inspetor: Hora:

Conhecendo um pouco mais

Flores e petiscos na arte chinesa do chá

A flor é um elemento importante pois embeleza a arte chinesa do chá. Portanto, as flores devem ser escolhidas de acordo com a estação do momento. À medida que as estações mudam, as flores também variam, por exemplo, crisântemos no outono e flores de ameixa no inverno, que não apenas decoram o espaço de chá, mas também criam uma atmosfera única.

A escolha de petiscos é baseada no princípio de não sobressair ao aroma e ao sabor do chá, devendo ser finos e suaves para expressar o gosto e o carinho do mestre de chá. É melhor usar o chá como ingrediente principal enquanto prepara os pestiscos, de modo a salientar a importância do chá em toda a cerimônia.

Objetivos de aprendizado

- Explicar o processo de limpeza do jogo de chá.
- Explicar o processo de manutenção do jogo de chá.
- Lavar o jogo de chá conforme os requisitos.

Principal conceito

Manutenção do jogo de chá: Com objetivo de garantir a vida útil do jogo de chá, é necessário fazer a manutenção diariamente e regularmente, especialmente para o jogo de chá de matérias especiais.

Informações relacionadas

HABILIDADE TÉCNICA 3
Mantendo a limpeza dos utensílios conforme os requisitos

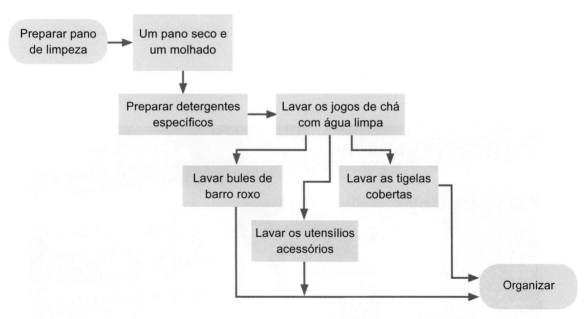

Etapas para a limpeza do jogo de chá

Limpar o jogo de chá é um trabalho muito delicado, elegante e requer muito cuidado. Tanto para receber convidados quanto para beber chá sozinho, se o jogo de chá à sua frente estiver limpo e brilhante, ele pode fazer as pessoas se sentirem calmas e sem preocupações.

As etapas para limpar o jogo de chá são as seguintes:

- **Preparar um pano de limpeza.** O pano de limpeza não deve ser muito grande. Apenas o de tamanho pequeno é que consegue limpar umas sujeiras específicas. Não use utensílios para a limpeza de metal para não danificar o jogo de chá.
- **Limpar o jogo de chá com métodos diferentes.** Se a quantidade de peças do jogo de chá for pequena, lave-o diretamente em água corrente. Se haver muitas peças, é recomendável encher a pia com água e limpar o jogo de chá por categoria. Ao limpar o bule, tire primeiro os resíduos de chá do bule e depois limpe o bule inteiro. Preste atenção ao bico do bule. É fácil ficar sujo nessa parte, limpe bem e com paciência. Ao limpar as tigelas cobertas, faça a limpeza de dentro para fora. E ao limpar os outros utensílios acessórios, tenha cuidado para que eles fiquem sem manchas.
- **Guardar os utensílios limpos.**

O jogo de chá deve ser tratado com muito cuidado, assim como o chá. O mais importante é lavar e secar o jogo de chá de maneira adequada depois de usá-lo e antes de guardá-lo. Um jogo de chá bem conservado é elegante e bonito, fazendo com que a beleza da arte chinesa do chá seja sempre notada.

O método de manutenção do jogo de chá é o seguinte:

- **Lavar com cuidado.** Não se importa que o jogo de chá seja novo ou velho, é necessário limpar o óleo, a cera e as folhas de chá deixados no jogo de chá antes da sua manutenção. Os amantes de chá também devem lavar suas xícaras com frequência, manter o jogo de chá completamente limpo, e assim será mais fácil para a manutenção.

Lavar com cuidado

- **Limpar e secar.** Depois de ser usado, o jogo de chá deve ser lavado e limpo para garantir que fique seco e sem cheiros desagradáveis.
- **Usar com frequência.** Usar com frequência o jogo de chá é a melhor maneira para a sua manutenção. Quanto mais o jogo de chá absorver a sopa de chá, mais hidratante será a superfície.

Lavar com cuidado

- **Evitar manchas de óleo.** Especialmente o bule de barro roxo, se não for limpo de maneira adequada, será afetado na absorvação da sopa de chá, e a sua superfície ficará com manchas de óleo.
- **Não esfregar com força nem limpar com detergentes químicos.** Ao limpar o jogo de chá, a força de limpeza deve ser controlada e os produtos de limpeza químicos não devem ser usados, para não danificar o aroma do chá e a superfície do bule.

Atividade do capítulo

A casa de chá faz regularmente a limpeza dos utensílios de chá. Xiaohong é responsável pela limpeza das tigelas de chá com tampa e dos bules de barro roxo. O preço do jogo de chá é normalmente alto, por isso Xiaohong segue rigorosamente os requisitos e termina a limpeza do jogo de chá seguindo as etapas.

As atividades didáticas serão realizadas de acordo com a simulação situacional acima.

1. Condições da atividade

- Ambiente da casa de chá
- Ferramentas de limpeza
- Produtos de limpeza

2. Organização da atividade

- Dividir os alunos em grupos de quatro pessoas, sendo uma delas o supervisor e as outras os mestres de chá.
- Cada grupo praticará de acordo com a ordem sorteada.
- Enquanto um grupo estiver fazendo a limpeza, escolha outro grupo como inspetor.
- Analisar a atividade e selecionar o grupo com melhor desempenho na atividade.

3. Segurança e precauções

- Usar corretamente os produtos de limpeza.
- Usar corretamente as ferramentas de limpeza.
- Usar luvas de proteção na limpeza.
- Separar panos secos e molhados.

4. Detalhes da atividade (consultar Tabela 2.5: Tabela de Atividade de Limpeza do Jogo de Chá)

5. Avaliação (consultar Tabela 2.6: Tabela de Avaliação para a Limpeza do Jogo de Chá)

Tabela 2.5 Tabela de Atividade de Limpeza do Jogo de chá

Conteúdo	Descrição	Critério
Preparar os panos de limpeza	● Preparar dois panos de limpeza. ● Um dos panos de limpeza está molhado e o outro seco.	● Os panos estão limpos, um seco e o outro molhado.
Preparar o detergente	● Preparar produtos de limpeza adequados para utensílios de chá.	● Detergente adequado.
Limpar as xícaras de porcelana	● Lavar com água corrente. ● Limpar com pasta de dente.	● Limpas e secas.
Limpar o bule de barro roxo	● Lavar com água corrente. ● Limpar levemente por dentro e por fora.	● Limpo e seco.
Limpar os utensílios acessórios	● Lavar com água corrente. ● Limpar com pano de limpeza.	● Limpos e secos.
Organizar	● Limpar a área de trabalho e organizar os utensílios.	● Limpos e organizados.

Tabela 2.6 Tabela de Avaliação para a Limpeza do Jogo de Chá

Mestre de chá:

Conteúdo	Critério	Respostas	
		Sim	Não
Preparar os panos de limpeza	Dois panos de limpeza.		
	Um dos panos de limpeza está seco e o outro molhado.		
Preparar o detergente	O detergente de limpeza preparado é adequado para utensílios de chá.		
Limpar as xícaras de porcelana	Lavar com água corrente.		
	Limpar com pasta de dente.		
Limpar o bule de barro roxo	Lavar com água corrente.		
	Limpar levemente por dentro e por fora.		
Limpar os utensílios acessórios	Lavar com água corrente.		
	Limpar com pano de limpeza.		
Organizar	Limpar a área de trabalho e organizar os utensílios.		

Inspetor: Hora:

Perguntas e respostas

P: Como faz a limpaza das manchas no jogo de cerâmica?

R: Para limpar manchas no jogo de cerâmica, use uma pequena quantidade de pasta de dente na superfície, espalhe-a uniformemente no jogo de chá com a mão ou um cotonete. Deixe-a descansar por cerca de um minuto e depois lave-a com água. É fácil de limpar e não é necessário esfregar com força nem usar detergentes químicos para a limpeza. Caso contrário, não apenas afetará o aroma do chá no bule, mas também danificará a superfície do bule.

P: A sopa de chá pode ser guardada no bule de barro roxo por muito tempo?

R: Não. Depois de ser usado, os resíduos e a sopa de chá no bule devem ser derramados. O bule deve ser lavado com água quente e com um pano de limpeza. Quando o bule está limpo e seco, o jogo de chá terá um brilho natural.

P: Xiaoyu, uma nova aprendiz de mestre de chá, está fazendo chá para os convidados. Quando ela serviu a sopa de chá para um convidado, o convidado fez uma cara de dúvida e descobriu uma leve rachadura na xícara de chá. O que Xiaoyu deve fazer?

R: Quando Xiaoyu preparou o jogo de chá, ela não verificou com cuidado as xícaras de chá, e não descobriu a rachadura em uma delas. Cada detalhe influencia a satisfação do convidado. Portanto, depois disso, Xiaoyu precisa ter mais atenção e lidar com o assunto da melhor forma, de modo a satisfazer os convidados para eles não irem embora.

Conhecendo um pouco mais

Cinco princípios para a limpeza do bule de barro roxo

- **Limpar o bule completamente.** Seja um bule novo ou velho, todas as manchas deixadas no bule, como a cera, óleo, sujeira e folhas de chá, devem ser limpas antes da sua manutenção.
- **Evitar o contato com o óleo.** O bule de barro roxo deve evitar o contacto com óleo e sujeira. Quando for manchado com óleo, deve ser limpo imediatamente. Caso contrário, o bule ficará sempre com manchas depois de a superfície absorver o óleo.
- **Molhar o bule de barro com sopa de chá.**
- **Limpar o bule moderadamente.** Se a sopa de chá for derramada na superfície do bule, limpe-o suavemente usando uma escova pequena e macia. Se a mancha de chá estiver difícil de ser limpa, lave-a com água fervente e, em seguida, limpe-a com um pano de limpeza, mas não use muita força.
- **Limpar e secar o bule.** Depois de ser usado, limpe os resíduos de chá no bule. Lava-o com água limpa e seque-o para evitar mau cheiro.

CONSTRUINDO UMA IMAGEM PROFISSIONAL COMO MESTRE DE CERIMÔNIA

HABILIDADE TÉCNICA 1

Usando o traje de chá de maneira adequada

Traje de mestre de chá

Objetivos de aprendizado

• Usar o traje de chá conforme os requisitos.

Conceito central

Imagem profissional: É a impressão estabelecida pelo mestre de chá aos convidados, ou seja, a sua atitude profissional, conhecimento e habilidades apresentadas através da vestimenta, fala e comportamento. Essa imagem é construída principalmente pelos quatro aspectos: imagem externa, cultivo moral, capacidade profissional e conhecimento.

Informações relacionadas

Como diz o poema: "Seu manto é feito de nuvem, e seu rosto, de flores". Os mestres de chá devem se vestir bem. Não apenas por elegância, mas para mostrar a boa cultura e o gosto único de uma pessoa civilizada moderna. Na China, a vestimenta específica para ocasiões sociais formais é o cheongsam. As costuras do *cheongsam* são discretas e bem feitas para refletir da melhor forma a simplicidade, elegância, suavidade e graciosidade das mulheres orientais. Como mestre de chá, as roupas podem refletir a grandeza cultural de uma nação, a perspectiva espiritual e o grau de desenvolvimento da civilização material, e é a personificação do espírito da arte chinesa do chá. Portanto, a roupa do mestre de chá tem como base os princípios de decência e harmonia, e as roupas tradicionais chinesas são normalmente usadas durante o serviço de chá.

Ao apreciar chá, se a cor e o estilo das roupas não estiverem em harmonia com o jogo de chá e o ambiente, sem dúvida, a atmosfera geral do serviço não será muito "elegante". Por esse motivo, a vestimenta profissional do mestre de chá tem que respeitar os seguintes princípios. Primeiro, combina com o ambiente, estação, jogo de chá, status social e formato corporal do mestre de chá. Segundo, a escolha da vestimenta deve tentar refletir a cultura, história e caraterísticas da sua nação, mostrando a dignidade, elegância e harmonia da arte chinesa do chá. Terceiro, os acessórios devem ser selecionados de acordo com a idade, personalidade, gênero, cor da pele, estilo de cabelo do mestre de chá, combinando com o ambiente integral da arte chinesa do chá.

Atividade do capítulo

Guo Moruo, um famoso escritor chinês, uma vez disse: "As roupas são o símbolo de uma cultura e a reflexão do pensamento". Como uma parte importante da aparência, a roupa reflete o nível de comunicação e educação de uma pessoa. Para participar de uma entrevista de seleção de mestre de chá, antes de ir ao local, Sun Mei escolheu suas roupas cuidadosamente, usando uma saia do estilo *cowboy* popular, botas brancas feitas de pele de carneiro da moda, uma bolsa laranja e maquiagem descolada. Sun Mei adorou sua roupa e achou que se destacou dos outros candidatos.

Sun Mei encontrou uma amiga, a senhorita Wang, entre os candidatos que esperavam pela entrevista. "Você está aqui para encontrar alguém?", Wang lhe perguntou. "Estou aqui para tentar a vaga de emprego" "Sério? Parece que está vestida para ir tomar chá com amigos", a senhorita Wang falou sinceramente. "Mesmo?", Sun Mei olhou ao redor, viu que os outros candidatos estavam todos vestidos com trajes profissionais, e começou logo a se sentir nervosa e insegura para a entrevista.

Alguns dias depois, Sun Mei participou de outra entrevista para o cargo de mestre de chá, e desta vez, ela se vestiu de forma apropriada para a arte do chá.

As atividades didáticas serão realizadas de acordo com a simulação situacional acima.

1. Condições da atividade
- Ambiente da casa de chá
- Trajes adequados, limpos e bem arrumados

2. Organização da atividade
- Dividir os alunos em grupos de quatro pessoas, sendo duas delas os entrevistadores e as outras os mestres de chá.
- Cada grupo praticará de acordo com a ordem sorteada.
- Quando um grupo estiver demonstrando, outro grupo será o inspetor.
- Analisar a atividade e selecionar o grupo com melhor desempenho na atividade.

3. Segurança e precauções
- Os trajes estão limpos e sem danos.
- Os candidatos à mestre de chá usam maquiagem leve.

• Saber escolher vestimentas adequadas para o trabalho.

4. Detalhes da atividade (consultar Tabela 2.7: Vestimenta para a Entrevista de Mestre de Chá)

5. Avaliação (consultar Tabela 2.8: Avaliação sobre a Vestimenta para a Entrevista de Mestre de Chá)

Tabela 2.7 Vestimenta para a Entrevista de Mestre de Chá

Conteúdo	Descrição	Critério
Preparação para entrevista	• Usar maquiagem leve. Preparar o currículo.	• A maquiagem dos mestres do chá combina com a roupa, e não é permitida maquiagem pesada.
Roupas adequadas	• Escolher roupas tradicionais, como cheongsam. • Escolher roupas adequadas para a cerimônia do chá.	• As mulheres usam cheongsam e as roupas estão limpas e sem danos. • Os homens usam ternos Tang ou túnicas chinesas.
Auto-apresentação	• Boa comunicação. • Mostrar as habilidades pessoais.	• Expressar-se com clareza.

Tabela 2.8 Avaliação sobre a Vestimenta para a Entrevista de Mestre de Chá

Mestre de chá:

Conteúdo	Critério	Respostas	
		Sim	Não
Preparação para entrevista	Usar maquiagem leve.		
	Preparar o currículo.		
Roupas adequadas	As mulheres usam roupas adequadas para serviço do chá.		
	As mulheres usam cheongsam.		
	Os homens usam ternos Tang.		
	Os homens usam túnicas chinesas.		
Auto-apresentação	Boa comunicação.		
	Mostrar as habilidades pessoais.		

Inspetor: Hora:

Perguntas e respostas

P: É permitido que os mestres de chá usem acessórios no trabalho? Se sim, quais acessórios? E quais são as regras para usar acessórios?

R: Para responder às perguntas acima, a resposta varia de acordo com cada situação específica:

• **Anéis:** O anel representa uma linguagem silenciosa, um tipo de indício e sinal. Com exceção de alguns cargos especiais, como trabalhos no restaurante, as mestras de chá podem usar anéis (geralmente no dedo esquerdo). Para os mestres de chá do gênero masculino, os anéis são os únicos acessórios permitidos no trabalho, e têm que ser simples e elegantes.

● **Colares:** As mestras de chá geralmente podem usar colares no trabalho. Mas para os mestres de chá do gênero masculino, normalmente não é adequado usar colares, mesmo que seja por motivos religiosos, os colares devem ficar embaixo das roupas.

● **Brincos:** É recomendado que as mestras de chá usem brincos tradicionais.

● **Acessórios para cabelo:** Os mestres de chá geralmente podem usar acessórios para o cabelo no trabalho, mas os acessórios devem ser práticos e úteis, ao invés de salientar apenas a sua beleza.

P: Quais são os requisitos para uso de sapatos e meias pelos mestres de chá no trabalho?

R: Os sapatos usados pelos mestres de chá no trabalho devem atender aos seguintes requisitos: Os homens geralmente usam sapatos de couro preto sem cadarço, com boa qualidade e de estilo simples e tradicional. As mulheres normalmente usam sapatos de couro preto de salto médio, em forma de barco, com caraterísticas de sapatos formais, com apenas uma única cor, de estilo simples e de alta qualidade. Já as meias devem atender aos seguintes requisitos: As meias masculinas devem ter apenas uma cor e ficar acima do calcanhar. Enquanto as mulheres devem usar meia-calça, em vez de meias curtas, e de preferência transparente, com cor semelhante à da pele (ou da cor preta, se for adequado). Além disso, tanto para homens quanto para mulheres, as meias devem estar limpas e são trocadas diariamente.

P: Depois de muitos esforços e com a ajuda de autoridades governamentais, a Sra. Zhang, gerente de uma empresa farmacêutica, finalmente teve oportunidade de falar com uma renomada empresa estrangeira sobre a cooperação entre elas. Durante a negociação, a Sra. Zhang escolheu usar camiseta, jeans e sapatos desportivos para deixar aos clientes uma impressão de mulher habilidosa e moderna. No entanto, para sua surpresa, os clientes estrangeiros ficaram em confuso e a cooperação acabou por falhar no final. Se a gerente Zhang usasse um *cheongsam* tradicional chinês, os clientes gostariam da roupa dela?

R: A roupa tradicional chinesa, o cheongsam, é reconhecida internacionalmente. Se a gerente Zhang pudesse preparar bem antes do encontro, o resultado poderia ser melhor. O *cheongsam* geralmente tem gola alta e cruzada, é apropriado à figura da mulher, com comprimento na altura do joelho, com abertura nos dois lados, e com punhos na parte superior do pulso, do cotovelo ou sem mangas. Ao escolher um cheongsam, o ideal é escolher um de única cor, com comprimento até os pés e a abertura no dois lados não deve ser muito alta. O *cheongsam* deve ser usado com sapatos de salto alto ou médio, ou com sapatos de pano com tecidos de alta qualidade e elegantes.

Conhecendo um pouco mais

Dicas de como se vestir para estudantes universitárias em uma entrevista de emprego

Está chegando a fase de seleção de emprego. Para as estudantes que ainda estão procurando emprego, você está pronta para tentar? Nesta era competitiva, um pouco de descuido pode fazer com que você perca uma boa carreira. Como aproveitar a oportunidade para se destacar? Talvez você precise um traje adequado para entrevistas de emprego.

De acordo com pesquisas psicológicas, a primeira impressão que uma pessoa deixa aos outros são os primeiros 20 segundos, e é determinado pela sua aparência, em vez de comunicação. Não fique nervosa, se quiser uma entrevista bem-sucedida, siga as dicas seguintes.

- **Roxo elegante e maduro.** O roxo ajuda a criar uma impressão madura e elegante, e ao mesmo tempo, destaca também o entusiasmo e vigor dos alunos recém-saídos da escola, sendo uma boa combinação entre a beleza matura e a alegria da imaturidade.

- **Saia xadrez diagonal, moderna e elegante.** Desafie-se a seguir o estilo gracioso e elegante. Use uma popular camisa de renda azul para combinar com a saia xadrez verde-amarelada, e uma bolsa em tons cáqui. Uma vestimenta de bom gosto também mostra suas qualidades pessoais!

- **Roxo claro, confiança e coragem.** Permite que tenha uma conversa fluente e animada com o entrevistador. Use também um colar, o efeito será melhor.

- **Cor-de-rosa, sincera e direta.** Aja naturalmente, e não finja que tem muitas experiências no trabalho. Seja sincera e direta, qualquer entrevistador saberá que uma pessoa tão animada merece ser escolhida.

- **Cardigan listrado com mangas três quartos.** Esse tipo de roupa destacará sua beleza interior, permitindo que seja a mais bonita dentre os vários entrevistados.

Objetivos de aprendizado

- Descrever os requisitos para comportamentos como mestre de chá.
- Preparar-se para bom comportamento de mestre de chá.
- Descrever os requisitos de higiene como mestre de chá.
- Usar maquiagem leve conforme os requisitos.

Conceito central

Etiqueta: Refere-se às normas comuns e geralmente reconhecidas sobre aparência, comportamentos, modos, cerimônias e conversa para mostrar o respeito uns aos outros nas atividades de comunicação social. A etiqueta é um termo geral que envolve costumes, cortesia, postura e cerimônias.

HABILIDADE TÉCNICA 2
Mantendo a aparência e comportamentos adequados

Informações relacionadas

Do ponto de vista da estética tradicional chinesa, as pessoas valorizam mais a beleza da postura do que a da aparência. Quando a poesia e a literatura clássicas descrevem uma beleza incomparável, usam o verso "um olhar (一顾) dela destrui uma cidade; e o outro, uma nação inteira", O caráter "顾" significa olhar para trás com olhos atraentes. Ou seja, significa que uma garota tem comportamentos encantadores e posturas elegantes. Para os mestres de chá, a "postura" é mais importante do que a aparência. A postura no serviço do chá precisa ser praticada a partir das várias posturas básicas, tais como ficar em pé, sentar-se, ajoelhar e andar.

Beleza artística dos gestos corporais estáticos

Ficar em pé. A beleza na arte chinesa do chá é apresentada pela postura corporal do mestre de chá, e essa postura tem como base a postura correta de ficar em pé, que é o ato cotidiano mais básico na comunicação e no trabalho da vida humana. Uma postura em pé correta fará com que as pessoas deixem uma impressão de serem enérgicas, elegantes, transquilas, generosas, educadas e gentis.

Durante a apresentação da arte chinesa do chá, exige-se que o centro de gravidade do corpo seja naturalmente vertical, dando a sensação de que há uma linha reta

Etiqueta no serviço de chá: postura de pé

Etiqueta no serviço de chá: postura de agachamento

Etiqueta no serviço de chá: postura de sentada

Etiqueta no serviço de chá: postura de caminhada

da cabeça aos pés. Coloque o centro de gravidade entre os pés e não se incline nem à esquerda nem à direita. A cabeça fica erguida, com o olhar na horizontal. A boca está ligeiramente fechada, com um sorriso leve no rosto, e respire naturalmente. Mantenha os braços retos e junte as mãos no abdômen, sendo que a mão direita está por cima da esquerda. Quando ficar em pé, os pés das mulheres ficam em forma de "V", com joelhos e calcanhares próximos, enquanto os pés dos homens ficam à largura dos ombros e as mãos estão naturalmente deixadas para baixo.

Sentar-se. A postura sentada correta deixa uma impressão bem educada e graciosa. Os requisitos básicos para a postura sentada dos mestres de chá são elegantes e confortáveis. Preste atenção à coordenação dos membros, ou seja, a posição da cabeça, peito e quadril tem que ser alinhada, e o movimento com os membros tem que ser suave e harmonioso, desta forma se formará uma bela postura sentada. É preciso que se sente em linha reta no centro da cadeira, ocupando no máximo dois terços do assento. A parte superior do corpo fica reta, para mostrar a boa posição e a esbeltez do corpo. As pernas devem ficar juntas, os ombros estão relaxados, com a cabeça erguida e o queixo ligeiramente dobrado. Coloque as mãos na extremidade da mesa à sua frente, sendo que a mão direita está por cima da esquerda. Como convidados, as senhoras podem se sentar com pernas verticais ou inclinadas para qualquer lado, as mãos ficam cruzadas na base das pernas, enquanto os homens podem descansar os braços e colocar as mãos naturalmente nos apoios de braço da cadeira.

Uma postura graciosa requer a coordenação e cooperação natural do corpo e dos membros. Durante a apresentação da arte chinesa do chá, se busca a beleza simétrica, estável e elegante.

A postura sentada é uma das posturas mais comuns na apresentação da arte chinesa do chá, incluindo principalmente quatro tipos de posturas sentadas: sentar-se com pernas abertas (homens), sentar-se com pernas cruzadas (homens), sentar-se com pernas juntas e sentar-se de joelhos.

A postura ajoelhada é um hábito dos japoneses e coreanos ao beberem chá. Podem sentar-se tanto de joelhos quanto de pernas cruzadas.

- **Sentar-se** de joelhos é colocar os peitos dos pés no chão, com as nádegas sobre os calcanhares, manter o tronco reto e os ombros relaxados, enquanto a cabeça fica erguida, com o olhar na horizontal, o queixo ligeiramente dobrado e as mãos naturalmente deixadas nas coxas.

- **Apenas os homens** podem sentar-se com pernas cruzadas. É preciso que as pernas estejam flexionadas e esticadas para dentro, com o tronco reto, os ombros relaxados, a cabeça erguida, o queixo ligeiramente dobrado e as mãos deixadas naturalmente nos joelhos.

Expressões faciais. Na apresentação da arte chinesa do chá, mantenha sempre uma cara calma, natural, tranquila e digna, com as pálpebras e sobrancelhas naturalmente abertas. Qualquer movimento nos olhos, sobrancelhas, boca e rosto pode refletir as atividades piscológicas de uma pessoa, desempen hando um papel de explicação, esclarecimento, correção e fortalecimento da linguagem. As expressões faciais que se tratam na arte chinesa do chá incluem também o olhar e o sorriso.

Os olhos são o centro do rosto e mostram as diferenças mais minuciosas das expressões faciais. Nas atividades sociais, as pessoas geralmente estão acostumadas a olhar para a parte triangular do rosto das pessoas. A parte triangular é a área que é formada pelos olhos como a linha superior e a boca como o vértice inferior. Na apresentação da arte chinesa do chá, é exigido que o apresentador seja atento, preste atenção à sua própria respiração e mantenha a paz interior, ou olhe para o horizontal, direcione o olhar para todo o público e evite expressões nervosas.

O sorriso é uma expressão calorosa e cordial, ajudando efetivamente a aproximar os interlocutores e a deixar um bom sentimento nos outros, de modo a criar uma atmosfera de comunicação harmoniosa e, ao mesmo tempo, refletir a sua própria elegância, educação e sinceridade. A beleza de um sorriso é que ele deixa uma impressão profunda aos outros e faz com que os outros se sintam agradáveis, e é óbvio que o sorriso tem que ser espontâneo e natural.

Beleza artística dos gestos corporais dinâmicos

A apresentação da arte chinesa do chá também salienta a beleza dinâmica do corpo humano. Belos movimentos vêm do equilíbrio do corpo. Sentar-se, andar e movimentar-se elegantemente são manifestações concretas do comportamento educado. A beleza dinâmica é praticada principalmente pelos seguintes movimentos: andar, virar, sentar-se, agachar-se, entregar e receber itens.

Andar. Andar de forma firme e graciosa traz uma impressão extraordinária e resulta em uma beleza dinâmica. A postura padrão de andar tem como base na postura de ficar em pé, usando as grandes articulações para impulsionar o movimento de pequenas articulações. Evite o excesso da tensão muscular e vise a suavidade, generosidade, elegância e naturalidade dos passos. Ao caminhar, o corpo e os ombros devem ficar estáveis, sem grandes oscilações. Evite a postura curvada de costas e não ande com os pés demasido para dentro ou para fora. Os passos são leves, organizados com ritmo, e sem ruídos.

A postura de andar também precisa estar em harmonia com o traje. De acordo com as diferentes roupas, os requisitos de postura de caminhada também são diferentes. Quando os homens usam *cheongsam*, devem manter as costas retas e destacar o alinhamento reto do corpo humano. Quando as mulheres usam *cheongsam*, a postura também precisa ser reta, de costas retas, com o queixo ligeiramente dobrado. Os passos na caminhada não devem ser grandes, os dedos dos pés devem estar ligeiramente para fora e o balanço dos braços não deve ser exagerado. Procure mostrar a suavidade, sutileza, charme e elegância dos passos. Quando usam saias longas, a caminhada deve ser estável, o passo pode ser um pouco maior. Preste atenção à coordenação entre a cabeça e o corpo enquanto virar, tente não mover a cabeça muito rápido e manter uma beleza elegante e livre.

Etiqueta no serviço de chá: sentar-se (◀), entregar e receber itens (▶)

Virar. Quando o mestre de chá estiver encaminhando os convidados e quiser virar para a direita, deve virar primeiro o pé direito e vice-versa. Quando estiver atendendo os convidados e precisar sair, deve dar primeiro dois passos para trás e depois vire-se para ir embora, mas não se vire na frente perto dos convidados. Ao ouvir o pedido do convidado, vire primeiro a cintura, depois o pescoço e o corpo inteiro. Esta forma de virar mostra não apenas a flexibilidade do corpo mas também a cortesia do mestre de chá.

Sentar-se. A ação de se sentar deve ser suave, devagar e controlada. Vire naturalmente para o assento, dê um passo para trás e sente-se suavemente. Os movimentos devem ser coordenados e calmos, os músculos da cintura e das pernas devem estar tensos. Quando uma mulher se veste saia, deve arrumar a saia para a frente antes de sentar. E ao se levantar, dê meio passo para trás com o pé direito e, em seguida, levante-se.

Agachar-se. A posição correta de agachar-se é dobrar os joelhos sem separá-los, as nádegas ficam sobre os calcanhares e a parte superior do corpo é mantida reta. Ao agachar-se com apenas um dos joelhos, o joelho esquerdo e o pé esquerdo devem estar dobrados em um ângulo reto. O joelho direito e a mão direita devem tocar o chão ao mesmo tempo. Esta posição de cócoras é frequentemente usada para servir chá. Quando a mesa é alta, o mestre de chá também pode usar a posição semi-ajoelhada, dobrando levemente o joelho esquerdo e colocando o joelho direito na panturrilha da perna esquerda.

Entregar e receber itens. Ao entregar itens, a parte frontal deles deve ficar de frente para o receptor. Ao entregar objetos com pontas, tais como canetas, facas e tesouras, segure-as pontas nas mãos e não as aponte para outras pessoas. Ao receber itens, use duas mãos e acene com a cabeça ao mesmo tempo.

Atividade do capítulo

Em uma casa de chá, como mestre de chá, o serviço de receção é a parte mais básica do trabalho no dia a dia.

As atividades didáticas serão realizadas de acordo com a simulação situacional acima.

1. Condições da atividade
- Ambiente da casa de chá
- Um traje para cerimônia de chá

2. Organização da atividade
- Dividir os alunos em grupos de quatro pessoas, sendo todos eles os mestres de chá.
- Cada grupo praticará de acordo com a ordem sorteada.
- Quando o grupo estiver fazendo uma demonstração, escolha um membro do grupo como inspetor.
- Analise a atividade e selecione o grupo com melhor desempenho para demonstração.

3. Segurança e precauções
- As roupas de chá estão limpas e sem danos.
- O mestre de chá usa maquilhagem leve.

4. Detalhes da atividade (consultar Tabela 2.9: Tabela da Atividade sobre o Comportamento do Mestre de Chá)

5. Avaliação (consultar Tabela 2.10: Tabela de Avaliação sobre o Comportamento do Mestre de Chá)

Perguntas e respostas

P: O mestre de chá deve cumprimentar os convidados com sorriso quando eles chegarem à loja durante o horário comercial?

R: De um modo geral, um sorriso verdadeiro é agradável. Se os seus olhos estão sorrindo, o seu coração também está. O método específico é o seguinte: cumprimentar os convidados, dizer olá, olhar naturalmente para os convidados e mover os músculos faciais, para que os cantos da boca se elevem naturalmente e os olhos revelem um sorriso natural.

P: O mestre do chá deve se despedir dos convidados quando eles saírem da loja no horário comercial?

Tabela 2.9 Tabela da Atividade sobre o Comportamento do Mestre de Chá

Conteúdo	Descrição	Critério
Sorrir	● Olhe no espelho, cubra a área abaixo do nariz com as mãos, deixando fora apenas os olhos. ● Veja seus olhos no espelho horizontalmente, mova seus músculos faciais, e os cantos da boca vão subir naturalmente. ● Quando os olhos no espelho revelarem um sorriso natural, lembre-se da sensação dos músculos faciais.	● Um sorriso verdadeiro é agradável. Quando os olhos sorriem, o coração também sorri.
Ficar em pé	● O centro de gravidade do corpo é naturalmente vertical. Coloque-o no meio dos pés e matenha o corpo reto da cabeça aos pés. ● Os calcanhares dos homens ficam próximos enquanto os dedos dos pés ficam separados pela distância de 45 a 60 graus. Os braços ficam naturalmente retos, junte as mãos em frente da abdome, coloque a mão esquerda por cima da direita, e olhe para a horizontal. ● Os pés das mulheres não podem ficar separados. Junte as mãos na abdome e coloque a mão direita por cima da esquerda.	● Uma postura correta e graciosa de ficar em pé deixa uma impressão de ser uma pessoa enérgica, elegante, solene, educada e amigável.
Andar	● A parte superior do corpo fica reta, com o olhar na horizontal e um sorriso natural. ● Mantenha o pescoço reto, os ombros planos e a postura relaxada. Coloque o centro de gravidade do corpo ligeiramente para a frente, levante ligeiramente a abdome e as nádegas, e use a força das coxas para impulsionar os pés a ir para a frente. ● Os passos são moderados (cerca de um pé de comprimento) e a caminhada é em linha reta.	● As mãos ficam naturalmente verticais, em forma de punho semicerrado. ● Ao caminhar, os braços balançam naturalmente para frente e para trás e os dedos dobram naturalmente para dentro. ● Uma postura robusta e graciosa de andar torna as mulheres extraordinárias e mostra uma beleza dinâmica especial .
Recepcionar e encaminhar convidados	● Os cinco dedos ficam naturalmente juntos. Estenda a mão esquerda ou direita para a frente do peito, com a palma da mão para cima, e diga aos convidados "por favor", "obrigado" ou "por favor olhe".	● Diga "por favor, entre" com o braço na altura do peito. ● Diga "por favor, se sente" e "por favor, beba o chá" com o braço na altura da abdome.
Segurar o bule	● Segure a alça do bule com dedos da mão direita, pressione a tampa do bule com o dedo indicador e o dedo médio da mão esquerda, usando as duas mãos para levantar o bule. ● Segure a alça do bule com o dedo indicador e o dedo médio da mão direita, pressione a tampa do bule com o dedo polegar, usando apenas a mão direita para levantar o bule.	● Os gestos são corretos, sem a água se derramar .
Sentar-se	● Ao fazer o chá, mantenha o pescoço reto. Os ombros não ficam inclinados para a esquerda ou direita devido à mudança da ação da operação e as pernas estão juntas. ● Quando não está em operação, coloque as mãos espalmadas na mesa e mantenha expressões faciais relaxadas e agradáveis. ● Ao se levantar, dê meio passo para trás com o pé direito e, em seguida, se levante.	● Fique relaxado e estável, com a postura reta, e coloque o centro de gravidade no meio do corpo.
Despedir-se dos convidados	● Ao se despedir, fique em pé, mantenha o corpo reto, coloque as mãos à frente do abdômen e olhe para os outros com sorriso. ● Ao se curvar, a parte superior do corpo fica inclinada para frente, acompanhada de uma saudação. ● Os braços dos homens ficam retos enquanto os das mulheres ficam levemente dobrados.	● De acordo com o tamanho do ângulo, a forma de se curvar é dividida em reverência profunda (90 graus) e reverência leve (45 graus). Geralmente os convidados ilustres e os idosos são tratados com a reverência profunda.

Tabela 2.10 Tabela de Avaliação sobre o Comportamento do Mestre de Chá

Mestre de chá:

Conteúdo	Critério	Respostas	
		Sim	Não
Sorrir	Um sorriso verdadeiro é agradável. Quando os olhos sorriem, o coração também sorri.		
Ficar em pé	Uma postura correta e graciosa de ficar em pé deixa uma impressão de ser uma pessoa enérgica, elegante, solene, educada e amigável.		
Andar	As mãos ficam naturalmente verticais, em forma de punho semicerrado.		
	Ao caminhar, os braços balançam naturalmente para frente e para trás e os dedos dobram naturalmente para dentro.		
	Uma postura robusta e graciosa de andar torna as mulheres extraordinárias e mostra uma beleza dinâmica especial.		
Recepcionar e encaminhar convidados	Ao recepcionar e encaminhar os convidados, diga "por favor, entre" com o o braço na altura do peito.		
	Ao recepcionar e encaminhar os convidados, diga "por favor, se sente" e "por favor, beba o chá" com o braço na altura da abdome.		
Segurar o bule	Os gestos são corretos, sem a água se derramar.		
Sentar-se	Fique relaxado e estável, com a postura reta, coloque o centro de gravidade no meio do corpo.		
Despedir-se dos convidados	Servir os convidados ilustres e os idosos com a forma de se curvar em arco completo, ou seja, curvar-se a 90 graus.		
	Servir os convidados comuns com a forma de se curvar em arco semi-completo, ou seja, curvar-se a 45 graus.		

Inspetor: Hora:

R: O mestre de chá deve se curvar para se despedir dos convidados. Ao se curvar, é necessário ficar em pé, manter o corpo reto, colocar as mãos à sua frente, olhar para os convidados e sorrir. Ao se curvar, a parte superior do corpo deve ficar inclinada para a frente, o ângulo da reverência geralmente é de 45 graus, e ao mesmo tempo, também é necessário dizer palavras de despedida.

P: Ao meio-dia, um cliente ligou para a Casa de Chá Qinya para fazer uma reserva, dizendo que chegaria à casa de chá em uma hora e especificando que o mestre de chá deveria preparar o chá e os utensílios de chá que o cliente costumava usar. Ele reservou 4 lugares na zona calma. A recepcionista que recebeu a ligação, Xiaoxia, estava indo almoçar. Considerando que os convidados chegariam mais de uma hora depois, normalmente não havia muitos convidados na casa de chá durante esse horário, com certeza haveria vagas, e que ela levou apenas cerca de meia hora para fazer a refeição, então ela saiu para almoço sem dizer nada aos colegas. Cerca de 20 minutos depois, o hóspede chegou à casa de chá com antecedência e perguntou a Xiaofei se o

jogo de chá, as folhas de chá e os refrescos haviam sido preparados de acordo com as solicitações da reserva. Como Xiaofei não sabia dos detalhes, o cliente ficou irritado e reclamou com o gerente da loja.

O que estava errado neste caso? Como resolver isso?

R: Os problemas neste caso podem ser resumidos nas três categorias a seguir:

- **Precisão na comunicação.** A comunicação precisa é a responsabilidade básica do mestre de chá no seu trabalho do dia a dia. Não haveria serviço sem a comunicação. Neste caso, a recepcionista Xiaoxia não entendeu o pedido do cliente: O cliente queria que o jogo de chá e o chá que ele costumava usar fossem preparados antes de ele chegar à casa de chá, e não depois de ter chegado.

- **Formas de comunicação.** Como mestre de chá, é necessário prestar atenção à alteração do horário dos convidados. Por exemplo, neste caso, o convidado disse que chegaria em uma hora, mas na verdade chegou em 20 minutos. Portanto, em qualquer situação, o mestre de chá deve preparar seu próprio trabalho o mais rápido possível. Quando quiser sair, não se esqueça de falar com outros colegas sobre as solicitações específicas dos convidados.

- **Técnicas de comunicação.** Xiaofei, como recepcionista da casa de chá, deve melhorar suas técnicas de comunicação. Ela deve acalmar o convidado e começar a resolver o problema, em vez de responder ao convidado "não sei", já que isso aumentará a insatisfação do convidado, resultando em reclamações.

Conhecendo um pouco mais

Requisitos básicos para a imagem pessoal do Mestre de Chá (1)

Para melhor refletir a espiritualidade do chá chinês, mostrar a beleza da sua arte e interpretar a rica conotação da cultura do chá na China, os mestres de chá devem seguir os requisitos básicos para refletir a etiqueta, elegância, gentileza, beleza e tranquilidade da cultura chinesa ao realizar a cerimônia do chá.

- **Etiqueta. Durante a cerimônia do chá,** devemos prestar atenção à cortesia, etiqueta, boas maneiras. Devemos tratar as pessoas com elegância, tratar o chá com delicadeza, tratar os utensílios e tratar a si mesmo com cortesia.

- **Elegância.** O processo de saborear o chá é um momento de elegância e requinte, especialmente em um ambiente apropriado como uma casa de chá, desde a linguagem, ação, expressão, postura até os gestos da equipe especializada pelo serviço devem estar em conformidade com os requisitos de uma postura elegante. Além disso, é preciso apresentar comportamento e linguagem requitados, a fim de criar o ambiente apropriado para a cerimônia do chá. Assim, os convidados poderão aproveitar o momento de uma forma sofisticada.

- **Gentileza.** Quando o mestre de chá estiver servindo, os movimentos devem ser delicados e o tom da fala deve ser suave e gentil, mostrando requinte e gentileza.

HABILIDADE TÉCNICA 3
Cumprimentando os convidados conforme os requisitos

Objetivos de aprendizado

- Explicar o processo básico para receber convidados.
- Receber convidados sorrindo.

Conceito central

Receber convidados: Refere-se ao comportamento de receber os convidados educadamente e os conduzir aos devidos lugares.

Informações relacionadas

Durante a cerimônia do chá, os mestres de chá devem primeiro fazer o atendimento básico de acordo com o processo de recebimento, conforme mostrado na figura a seguir:

Ficar em pé e cumprimentar convidados com sorrisos. A postura para recepcionar os convidados exige que o centro de gravidade do corpo seja naturalmente vertical e que haja uma sensação de linha reta da cabeça aos pés. A cabeça deve ficar erguida, os olhos para a frente e a boca naturalmente fechada com um sorriso. Abaixar os braços como se houvesse uma bola sob a axila e, em seguida, respirar naturalmente. Assim, os braços ficam naturalmente caídos, as mãos cruzadas na frente do corpo e a direita em cima. Os pés das mulheres devem ficar em forma de "V" com os joelhos próximos quando estiverem de pé, enquanto os homem devem posicionar os pés alinhados com os ombros, reposusando as mãos para baixo, de forma natural. Normalmente, as expressões faciais demonstram esclarecimento por parte do mestre, mostrando estar aberto a explicações e correções. Portanto, atenção às expressões faciais (incluindo olhos e sorrisos) na recepção aos convidados, pois as expressões faciais devem causar a melhor impressão sobre a arte do chá chinês e sentir a importância dos convidados no coração do mestre.

Confirmar detalhes da reserva e a quantidade de convidados. Perguntar aos

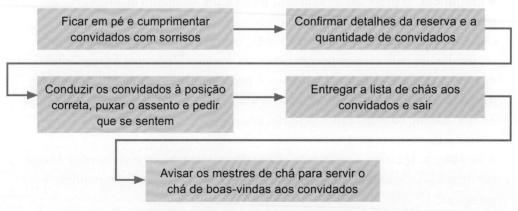

Fluxograma do Serviço de Recebimento do Mestre de Chá

convidados se eles têm reservas e qual a quantidade de pessoas e, em seguida, orientar conforme necessário.

Conduzir os convidados à posição correta, puxar o assento e pedir que se sentem. O mestre de chá caminha 1 metro à frente dos convidados à esquerda e conduz os convidados ao local. Durante a caminhada, o mestre do chá fará gestos para orientar a direção aos convidados. Os dedos do mestre de chá devem ficar naturalmente juntos, e a mão esquerda ou direita fica naturalmente esticada do peito para a esquerda ou direita, então a palma fica para cima, em um gesto neutro, acompanhado pelas palavras educadas "Venha por aqui, por favor"; Ao chegar no local, o mestre de chá deve puxar a cadeira cerca de 30 cm para os convidados, fazer o gesto com a mão em posição baixa, e falar educadamente "Por favor, se sente".

Etiqueta no serviço de chá: conduzir os convidados à posição correta

Entregar a lista de chás aos convidados e sair. Perguntar aos convidados se eles querem pedir chá e depois entregar a lista com as duas mãos. Após saber o pedido de acordo com a solicitação do cliente, dar dois passos para trás, meia-volta e sair.

Avisar os mestres de chá para servir o chá de boas-vindas aos convidados. O mestre de chá responsável pelo serviço de recebimento toma a iniciativa de lembrar os mestres de chá responsável pelo salão e pelo quarto a servir chá de boas-vindas aos convidados.

Etiqueta no serviço de chá: entregar a lista de chás aos convidados

Atividade do capítulo

Na gestão diária, a duração que o convidado permanece no local depende da qualidade dos serviços de recebimento fornecidos na casa de chá.
As atividades didáticas são realizadas de acordo com a simulação situacional a seguir.

1. Condições da atividade

- Realizar treinamento prático na sala de treino
- Preparar mesas e cadeiras
- As mestras de chá usam salto alto e os mestres de chá usam sapatos de couro
- Música de fundo tocando

2. Organização da atividade

- Dividir os alunos em grupo de quatro pessoas, sendo todos eles os mestres de chá.
- Praticar de acordo com a ordem sorteada.
- Quando um grupo estiver fazendo uma demonstração, um qualquer outro grupo como inspetor.
- Analisar a atividade e selecionar o grupo com melhor desempenho para demonstração.

3. Segurança e precauções

- Manter um ambiente silencioso, limpo, bem iluminado e sem odores.
- Estar bem vestidos.
- Manter a voz baixa ao falar com os convidados.

4. Detalhes da atividade (consultar Tabela 2.11: Tabela de Atividade sobre o Processo de Recepção do Mestre de Chá)

5. Avaliação (consultar Tabela 2.12: Tabela de Avaliação do Processo de Recepção do Mestre de Chá)

Perguntas e respostas

P: Durante a atividade, o mestre de chá Xiaohong precisa demonstrar a arte do chá. Que preparativos devem ser feitos no que diz respeito as boas maneiras?

R: O mestre de chá deve manter uma boa postura. O ponto principal é que a cabeça deve ficar reta, o queixo levemente retraído e a expressão do rosto natural, mantendo o peitoral e as costas retos. Não se apoiar sobre um dos lados da cintura, afundar os ombros e os braços para o lado, manter-se naturalmente para baixo. Sentar-se com os pés retos, e não cruzar as pernas. As mulheres devem manter as pernas fechadas.

P: Ao servir chá, como o mestre deve mostrar uma aparência elegante no preparo?

R: No processo de fazer o chá, o comportamento elegante do mestre se dá primeiramente por sua aparência, começando por seu penteado. Os requisitos de estilo de cabelo são ligeiramente diferentes, ou seja, o cabelo deve estar arrumado e organizado, e se deve evitar que quando a cabeça estiver inclinada para frente, o cabelo fique espalhado para a frente, o que afetará o procedimento e bloqueará a visão. Ao fazer o chá, se o cabelo cair no jogo de chá ou na mesa de operação, os convidados questionarão a higiene da casa de chá. Além disso, a cor e o estilo da roupa também devem estar de acordo com o jogo de chá e o ambiente, refletindo a elegância do "ambiente ideal para a degustação de chá".

P: Por volta das 22h, o Sr. Zhou entrou na Casa de Chá Qinya, pediu uma pequena sala de chá independente e chamou Xiaowen, uma mestra do chá, para o servir. O Sr. Zhou é um frequentador regular que sempre vai à casa de

Tabela 2.11　Tabela de Atividade sobre o Processo de Recepção do Mestre de Chá

Conteúdo	Descrição	Critério
De pé elegantemente, sorrindo e cumprimentando	● Ficar com calcanhares próximos, mãos cruzadas e cintura reta. ● Sorrir. ● Receber os convidados gentilmente.	● Mantenha o cabelo limpo e arrumado. ● Quando a cabeça estiver inclinada para frente, o cabelo não cai para frente. ● Permitida maquiagem leve. ● As unhas sem esmalte. ● Apenas acessórios permitidos. ● Vestuário de chá limpo e arrumado.
Informações sobre a reserva e o número de convidados	● Perguntar sobre a reserva ao convidado. ● Perguntar sobre o número das pessoas. ● Se houver uma reserva, procurar na agenda e conduzir os convidados até o local. ● Se não houver uma reserva, perguntar o número das pessoas e requisitos, e conduzir os convidados até o local determinado.	● Verifique a reserva. ● Verifique o número dos convidados. ● Verifique as informações na agenda. ● Leve os convidados para a posição determinada.
Conduzir os convidados ao local determinado ou adequado, puxar a cadeira e pedir que os se sentem	● Quando estiver de pé, as mãos do mestre de chá ficam naturalmente verticais, formando um meio punho. ● Os dedos ficam dobrados naturalmente, andam naturalmente e seus braços são balançados para frente e para trás naturalmente. ● Ao caminhar, a parte superior do corpo fica reta, com os olhos voltados para a frente e um sorriso no rosto. ● Enquanto caminha, o mestre de chá faz gestos para indicar o caminho a seguir, para que os convidados possam entender a direção da caminhada. Ao mesmo tempo, é acompanhado pelas palavras educadas "Venha por aqui, por favor.". ● Ao chegar ao local, o mestre de chá puxa a cadeira cerca de 30 centímetros de distância para os convidados, mantém o gesto de posição mais baixa e acompanhado das palavras educadas de "Sente-se, por favor".	● Enquanto caminha, quando o mestre do chá levar os convidados a virarem à direita, o pé direito vira primeiro e vice-versa. ● Ao sair e virar, dê dois passos para trás antes de virar de lado e não se vire na frente dos convidados. ● Ao receber os convidados de volta aos seus lugares, se você precisar responder ao chamado dos convidados, vire a cintura, depois vire o pescoço para trás e depois vire o corpo com você. A parte superior do corpo fica de lado e a cabeça completamente voltada para as costas, com um sorriso e os olhos para a frente.
Entregar a lista de chás para os convidados e sair	● Perguntar aos convidados se eles querem pedir chá. ● Entregar lista de chás com as duas mãos. ● De acordo com a solicitação do cliente, fazer-lhe um pedido. ● Após fazer o pedido, dar dois passos para trás, virar e sair.	● Verifique aos clientes se há uma solicitação de pedido. ● Use as duas mãos para entregar a lista de chás. ● Emente com uma postura de reverência quando o convidado pedir chá. ● Dois passos para trás após o pedido.
Lembrar o mestre do chá sobre o chá de recebimento	● Depois de sair da sala de chá, fechar a porta. ● Dizer ao mestre de chá responsável pelo salão e sala para fornecer o serviço de chá de recebimento.	● Feche a porta. ● Lembre o mestre responsável para servir o chá de recebimento.

Tabela 2.12 Tabela de Avaliação do Processo de Recepção do Mestre de Chá

Mestre de chá:　　　　　　　　　　Turma:

Conteúdo	Critério	Respostas	
		Sim	Não
De pé elegantemente, sorrindo e cumprimentando	O cabelo está limpo e arrumado.		
	Quando a cabeça estiver inclinada para frente, o cabelo não cai cair para a frente.		
	Maquiagem leve pode ser usada no trabalho.		
	As unhas não podem estar pintadas.		
	Os acessórios usados de acordo com os requisitos.		
	O vestuário de chá está limpo e arrumado.		
Saber as informações da reserva e o número de pessoas	Verificar as informações da reserva.		
	Verificar o número de convidados.		
	Verificar as informações na agenda.		
	Orientar os convidados para os lugares determinados.		
Conduzir os convidados ao local detrminado, puxar a cadeira e pedir que os se sentem	Enquanto caminha, quando o mestre do chá levar os convidados a virarem à direita, o pé direito vira primeiro e vice-versa.		
	Ao sair e virar, dar dois passos para trás antes de virar de lado e não se virar na frente dos convidados.		
	Ao receber os convidados de volta, se você precisar responder ao chamado dos convidados, virar a cintura, depois o pescoço para trás e depois virar o corpo com você, com a parte superior do corpo para o lado. A parte superior do corpo fica de lado e a cabeça completamente voltada para as costas, com um sorriso no rosto e os olhos voltados para a frente.		
Entregar a lista de chás aos convidados, dar dois passos para trás e depois ir embora	Verificar se há uma solicitação dos clientes.		
	Usar as duas mãos para entregar a lista de chás.		
	Fazer reverência quando o convidado pedir chá.		
	Dois passos para trás após o término do pedido.		
Lembrar o mestre do chá sobre o chá de recebimento	Fechar a porta.		
	Lembrar o mestre esponsável para servir o chá de recebimento.		

Inspetor:　　　　　　　　　　Hora:

chá para consumo e era frequentemente recebido por Xiaowen. Então, Xiaowen estava muito acostumada com ele e agiu casualmente ao servir chá. Como sempre, fez chá para o Sr. Zhou enquanto conversava com ele sobre chá, vida e amigos. De repente, o Sr. Zhou disse a Xiaowen: "Xiaowen, sabe de uma coisa? Além do chá, também gosto de sempre vir aqui por sua causa. Posso segurar sua mão?", Xiaowen ficou em choque, pois o Sr. Zhou é apenas um bebedor de chá regular com interesses em comum. Perplexa, Xiaowen imediatamente saiu do salão de chá.

Quais são os problemas neste caso? Como lidar com isso?

R: Os problemas no caso acima podem ser analisados a partir dos dois aspetos a seguir:

● Esta situação ocorre principalmente devido à falta de atitude rigorosa, falta de atenção ao comportamento, falta de consciência de autoproteção e atenção ao processo diário de serviço dos mestres de chá.

● Quando uma situação assim ocorrer, o mestre de chá deve continuar com uma atitude de serviço educada, paciente e atenciosa, e não ter conflito com os convidados. Por um lado, é necessário aderir racionalmente aos princípios, informar claramente os convidados sobre o sistema de gerenciamento relevante da casa de chá e agir resolutamente de acordo com as regras morais.

Conhecendo um pouco mais

Requisitos básicos para a imagem pessoal do mestre de chá (2)

Para melhor refletir a espiritualidade do chá chinês, mostrar a beleza da arte do chá e interpretar a rica conotação da cultura do chá, os mestres devem seguir os requisitos básicos para refletir a cortesia, elegância, gentileza, beleza e tranquilidade da cultura chinesa ao realizar a cerimônia do chá.

● **Beleza.** Isso se reflete principalmente na beleza e nos utensílios de chá, no ambiente e na beleza das pessoas. A beleza do chá exige que a qualidade dele seja boa e auntêntica, e as várias estéticas do chá devem ser expressas por meio da beleza da arte do chá. A beleza dos utensílios exige que a seleção do jogo de chá seja adaptada ao chá preparado, ao humor dos convidados e ao ambiente de degustação do chá. A beleza do ambiente exige que o local e a decoração da sala de chá sejam coordenados, frescos, limpos e arrumados, e as bancadas e os jogos de chá estejam limpos, arrumados e sem danos. A beleza do chá, dos utensílios e do ambiente deve ser impulsionada e destacada pela beleza dos mestres do chá. A beleza dos mestres do chá se reflete em vários aspectos, como roupas, linguajar e comportamento, etiqueta, conduta ética profissional, habilidades e técnicas de atendimento.

● **Tranquilidade.** Isso se reflete principalmente nos aspectos da tranquilidade do ambiente, suavidade nos movimentos com os jogos de chá, paz de espírito e assim por diante. Barulhos devem ser evitados na casa de chá. A música deve ser suave e o volume da conversa não deve ser muito alto, resultando em um ambiente tranquilo. Quando os mestres de chá usam jogos de chá, os movimentos devem ser hábeis, livres, suaves e com o menor barulho possível, para que haja tranquilidade no movimento suave. A paz de espírito exige que os mestres de chá sejam calmos e pacíficos. O estado de espírito do mestre de chá aparecerá no processo de preparação do chá e transmitida aos clientes. Se o desempenho não for bom o suficiente, afetará a qualidade do serviço e causará insatisfação do convidado. Portanto, os gerentes devem prestar atenção e observar as emoções dos mestres do chá e ajudar na melhora de seu estado de espírito. Para aqueles sem emoções equilibradas e difíceis de controlar em pouco tempo, é melhor suspender temporariamente o atendimento aos convidados, para não afetar a imagem e a reputação da casa de chá.

HABILIDADE TÉCNICA 4

Conhecendo a etiqueta do chá

Objetivos de aprendizado

• Comunicar com os convidados de forma educada seguindo aos padrões.

Conceito central

Comunicação educada: Refere-se ao uso de palavras respeitosas e amigáveis na comunicação. Expressões educadas são aquelas concretas, respeitando aos outros e criando relações amistosas.

Informações relacionadas

A conversa é essencial e muito importante nas interações interpessoais e sociais cotidianas. A fala é uma ciência, e com elementos cerimoniais é uma arte. Há três maneiras diferentes de expressar um mesmo significado, e a comunicação também é diferenciada com beleza ou a falta dela, polidez ou vulgaridade. Palavras modestas e gentis agradam às pessoas, melhoram a comunicação e embelezam a vida das pessoas. Palavras caluniosas, rudes e fortes não apenas ferem facilmente

Etiqueta no serviço de chá: comunicar com o clientedo

os outros, mas também deixam o ambiente social negativo e, tornando a relação entre as pessoas fria e sem hamornia. "Nunca é demais conversar com quem entende você, enquanto até uma sílaba é um desperdício para quem não o entende". A qualidade da fala determina diretamente o efeito da comunicação. Portanto, há regras a seguir nas habilidades de fala.

O uso adequado de honoríficos e modéstia nas conversas diárias pode fazer com que as pessoas o considerem uma pessoa educada e polida, e fazer com que pessoas que não se conhecem abaixem a guarda e tenham vontade de se comunicar, tornando a amizade entre conhecidos mais profunda. Usar isso adequadamente ao perguntar aos outros com cortesia e palavras modestas pode fazer com que as pessoas estejam dispostas a fornecer ajuda e conveniência. Quando houver um conflito, use palavras calmas e modestas apropriadamente para entender um ao outro e evitar conflitos. No trabalho, use palavras calmas e modestas para deixar as pessoas felizes e cooperar sem problemas. Ao criticar os outros, o uso apropriado de palavras e modéstia pode fazer a outra parte se sentir livre e aceitar de coração aberto novas ideias ou propostas.

Atividade do capítulo

No funcionamento diário da casa de chá, como mestre de chá, é preciso tomar a iniciativa de receber os convidados que entram no estabelecimento. Neste dia, Xiaohong havia selecionado a música de fundo da casa de chá e estava prestes a começar seu trabalho diário com a música elegante, quando um convidado empurrou a porta dizendo: "Por que não tem ninguém aqui?". Xiaohong deu um passo à frente e disse: "Não sou ninguém?". O convidado ficou sem palavras, virou e foi embora.

As atividades didáticas são realizadas de acordo com a simulação situacional a seguir.

1. Condições da atividade
- Ambiente da casa de chá
- Preparação dos utensílios para serviço

2. Organização da atividade
- Dividir os alunos em grupos de quatro pessoas, sendo uma delas o supervisor e as outras os mestres de chá.
- Cada grupo pratica de acordo com a ordem sorteada.
- Quando o grupo estiver fazendo uma demonstração, escolha um membro do grupo como inspetor.
- Analisar a atividade e selecionar o grupo com melhor desempenho para demonstração.

3. Segurança e precauções
- A casa de chá está limpa e arrumada.
- O som da música é adequado.

4. Detalhes da atividade (consultar Tabela 2.13: Tabela de Atividade da Comunicação de Serviço do Mestre do Chá)

5. Avaliação (consultar Tabela 2.14: Tabela de Avaliação da Comunicação como Mestre de Chá)

Tabela 2.13 Tabela de Atividade da Comunicação de Serviço do Mestre do Chá

Conteúdo	Descrição	Critério
Receber ativamente os convidados	● Cumprimentar sorrindo. ● Informar-se sobre o que desejam.	Ser proativo, sorrir, cumprimentar, perguntar o que os convidados desejam.
Escutar dúvidas dos convidados	● Que tipos de chá existem? ● Se há salas privativas. ● Quantidade mínima de consumo.	Responder às perguntas dos clientes.
Responder de forma direta	● Apresentar os tipos de produtos de chá. ● Apresentar a sala privada. ● Fornecer a lista de chás.	Tomar a iniciativa para apresentar produtos de chá, recomendar salas privativas e fornecer lista de chás.

Tabela 2.14 Tabela de Avaliação da Comunicação como Mestre de Chá

Mestre de chá:

Conteúdo	Critério	Respostas	
		Sim	Não
Receber ativamente os convidados	Cumprimentar sorrindo.		
	Informar-se sobre o que desejam.		
Escutar dúvidas dos convidados	Que tipos de chá existem?		
	Se há salas privativas.		
	Quantidade mínima de consumo.		
Responder de forma direta	Apresentar os tipos de produtos de chá.		
	Apresentar a sala privada.		
	Fornecer a lista de chás.		

Inspetor: Hora:

Perguntas e respostas

P: Como posso me apresentar no trabalho de forma adequada?

R: A auto-apresentação pode ser feita de maneira verdadeira e concisa, clara e suave, franca e confiante. Ao encontrar os convidados pela primeira vez, fale seu nome, local de trabalho, cargo e trabalho principal. Mencione brevemente seus hobbies ou interesses diários, incluindo informações sobre você e algum conteúdo relevante para próxima conversa.

Ao se apresentarem, se você não ouvir claramente, peça educadamente para que ele repita, sem precisar sentir vergonha. Diga: "Desculpe, não entendi seu nome. Pode repetir, por favor?". De um modo geral, o convidado não ficará ofendido com isso, e às vezes pode até achar muito respeitado, porque seu comportamento faz com que o convidado pense que você se importa com isso.

P: Por que fazer elogios?

R: Precisamos elogiar outros. O elogio sincero é como a pessoa que entrega rosas para alguém. Mesmo que para os outros o elogio seja apenas para envaidar os convidados, o que importa é que elogiar e tratar bem as pessoas ao seu redor faz com que te torne mais habilidoso na comunicação interpessoal, deixando você com "uma fragrância nas mãos", como se manuseasse rosas, e não apenas palavras. Um elogio sincero às vezes pode ajudá-lo a quebrar o gelo em uma conversa, remover a tensão, alcançar amizades genuínas e bons relacionamentos.

P: Existe uma lenda sobre Mencius, o representante do Confucionismo no Período dos Reinos Combatentes.

Certa vez, a esposa de Mencius se sentou com as pernas cruzadas de forma descuidada porque estava descansando sozinha em seu quarto. Mencius abriu a porta nesse momento, e ficou muito aborrecido com isso. Os antigos chamavam essa postura de "agachamento sentado", e era muito indelicado agachar em direção aos outros. Mencius saiu sem dizer nada e falou para sua mãe: "Quero me divorciar da minha mulher". A mãe dele perguntou surpresa: "Por quê?" Mencius disse: "Ela não tem modos!". A mãe perguntou novamente: "Por que você diz isso?", "Ela não acha rude sentar com as pernas abertas e agachar voltada para as pessoas. Eu vou me divorciar dela!", Mencius respondeu, e depois contou o que acabou de ver. Depois de ouvir, a mãe Meng franziu a testa e disse: "De acordo com o que você disse, a pessoa que é rude deveria ser você, não sua esposa. Esqueceu? Antes de entrar na casa, você deve primeiro perguntar se tem alguém. Quando for ao salão, fale alto; para evitar invadir a privacidade dos outros. Depois de entrar na sala, olhe para baixo. Pense: o quarto é um lugar para descansar, e você invadiu sem fazer barulho ou abaixar a cabeça. Como você pode culpar os outros por serem rudes? Você foi o rude aqui!". Mencius ficou convencido com essas palavras e nunca disse nada sobre o divórcio.

Que princípios de etiqueta podem ser tirados desse caso?

R: Existem vários requisitos de etiqueta mencionados neste caso: bater na porta antes de entrar no quarto, chamar a pessoa depois de bater à porta, não olhar diretamente para as pessoas depois de entrar no local.

Os mestres de chá devem prestar muita atenção aos problemas acima durante o período em que servem as salas de chá independentes.

Conhecendo um pouco mais

Aprender a elogiar outros

Muitas pessoas têm sucesso porque conhecem o segredo: elogiar os outros com sinceridade e generosidade. Mas normalmente, as pessoas muitas vezes esquecem isso, ou não são boas em elogiar os outros.

O elogio decorre da necessidade do "senso de ser valorizado" na natureza humana.

É uma arte que precisa ser praticada, mas contanto que você descubra seu "segredo", você pode elogiar livremente e receber elogios dos outros. Aqui estão algumas "maneiras" a serem seguidas ao elogiar outros:

- O elogio deve ser sincero.
- Conhecer a si mesmo e aos outros, e fazer ou dizer o que eles gostam.
- Das pequenas coisas corriqueiras, o elogio pode ser feito apenas de um detalhe.

3

Método de preparar o chá verde em copo de vidro

Conhecimentos-chave do capítulo: Folhas do chá verde, sopa do chá verde e preparação do chá verde.

且将新火试新茶，

诗酒趁年华。

——北宋·苏轼《望江南·超然台作》

Objetivos de aprendizado

• Descrever as características de cada um dos quatro tipos de chá verde.
• Descrever para os convidados a classificação do chá verde e as características dos vários tipos de chá verde.

Conceito central

Classificação do chá verde: De acordo com as diferentes técnicas de processamento, o chá verde pode ser dividido em quatro categorias: chá verde cozido no vapor, chá verde frito, chá verde assado e chá verde seco ao sol.

Informações relacionadas

As quatro principais categorias de chá verde e suas características são mostradas na Tabela 3.1.

Atividade do capítulo

A Casa de Chá Qinhe comprou um novo lote de chás de primavera, incluindo chá verde cozido no vapor, chá verde frito, chá verde assado e chá verde seco ao sol. Agora os mestres de chá precisam ter conhecimentos relevantes para os apresentar aos convidados durante o evento "Apreciando e saboreando a primavera através do chá" que será realizado na casa de chá.

As atividades didáticas são realizadas de acordo com a simulação situacional a seguir.

1. Condições da atividade
• Ambiente da casa de chá
• Quatro tipos de chá verde
• Preparar o jogo de chá

2. Organização da atividade
• Dividir os alunos em grupo de 3 a 4 pessoas para desempenhar os papéis de mestre de chá, convidado e inspetor, respetivamente.
• Exceto por um inspetor, os membros da equipe se revezam para trocar de papéis para simular mestres de chá, coletar amostras de chá verde e conduzir a introdução e prática desse tipo de chá verde.
• Resumir e selecionar os membros com melhor desempenho de cada grupo.
• Selecionar aleatoriamente 1 ou 2 melhores membros para mostrar o processo de introdução do chá verde.

HABILIDADE TÉCNICA 1
Descrevendo os tipos de chá verde

Tabela 3.1 Quatro categorias de chá verde e suas características

Categoria	Técnicas de Processamento	Características	Chá Representante	Imagens
Chá verde frito	● Fixação → Rolagem → Secagem (frito)	● A aparência do chá seco é de cor amarelada, e o aroma é principalmente de castanha e feijão frito. O sabor é suave.	Longjing, Yongxi Huoqing, Biluochun, Mengding Ganlu, Duyun Maojian, Xinyang Maojian	 Longjing Biluochun
Chá verde assado	● Fixação → Rolagem → Secagem (assado)	● O chá seco tem uma aparência natural, o fio nas folhas é exposto e a cor da sopa é clara.	Huangshan Maofeng, Taiping Houkui, Lu'an Guapian, Jingting Lvxue, Guzhu Zisun	 Taiping Houkui Lu'an Guapian
Chá verde seco ao sol	● Fixação → Rolagem → Secagem (ao sol)	● A cor do chá seco é verde, escura, com fios grossos e soltos, com sabor forte.	Dian Qing	 Dian Qing
Chá verde cozido no vapor	● Fixação (vapor) → Rolagem → Secagem	● O chá seco é verde, a sopa de chá tem gosto de algas marinhas e a cor da sopa é verde.	Enshi Yulu, chá Yangxian	 Enshi Yulu

3. Segurança e precauções

● O jogo de chá não deve estar danificado.

● As folhas de chá devem estar frescas e bem conservadas. Pegar as folhas de chá corretamente para evitar que as folhas de chá caiam e derramem.

● Durante a atividade, a chaleira instantânea é mantida em um local onde não seja fácil esbarrar e a tomada do carregador é ligada com segurança.

● Encher a chaleira com até 70% de água para evitar que a água fervente transborde, queime o mestre ou cause um curto-circuito no quadro de energia. Manter os bicos voltados para dentro e não virar os bicos na direção dos convidados.

- Evitar derramar chá ao servir os convidados e despejar a água cerca de 70% do copo ao servir o chá para evitar queimar os convidados.
- O equipamento de áudio deve estar normal e sem ruídos.
- Prestar atenção à aparência e ao comportamento.

4. Detalhes da atividade (consultar Tabela 3.2: Tabela de Atividade da Introdução ao Chá Verde)

5. Avaliação (consultar Tabela 3.3: Tabela de Avaliação de Introdução ao Chá Verde)

Tabela 3.2 Tabela de Atividade da Introdução ao Chá Verde

Conteúdo	Descrição	Critério
Preparação do chá	● Pegar uma quantidade adequada de folhas de chá dos três tipos de chá verde e as colocar nos suportes de chá e marcar bem.	● Suportes de chá unificados, claramente marcados.
Apresentar a classificação do chá verde	● Apresentar os nomes dos quatro chás verdes diferentes e explicar a base para a classificação do chá verde.	● Chá verde frito: fixação - rolagem - secagem (fritar em wok).
		● Chá verde assado: fixação - rolagem - secagem (secar no fogão).
		● Chá verde seco ao sol: fixação - rolagem - secagem (secar ao sol).
		● Chá verde cozido no vapor: fixação (fixação de vapor) - rolagem - secagem.
Apresentar as características da aparência de cada produto de chá	● Combinado com a tecnologia de processamento, são introduzidas as características de aparência dos quatro tipos de chá verde.	● Chá verde cozido no vapor: seco em wok. O chá seco tem uma aparência amarelada e um sabor suave.
		● Chá verde assado: seco no fogão. O chá seco tem uma aparência natural, com o cabelo de folhas expostas.
		● Chá verde seco ao sol: seco ao sol. A cor do chá seco é verde escura e o cordão é grosso e solto.
		● Chá verde cozido no vapor: fixação no vapor. O chá seco é verde.
Preparar o chá na xícara de chá piaoyi e convidar os convidados a provar a sopa de chá	● A temperatura uniforme da água é de 90 graus celsius. ● A quantidade de chá é de 3 gramas. ● Dissolver a sopa 10 segundos após a preparação de água.	● Durante o processo de preparo, a temperatura da água, a quantidade de chá derramada e o tempo para preparar a sopa de chá são estritamente operados de acordo com os requisitos.
Introduzir quatro tipos de chá verde a partir da sopa de chá	● Observar a diferença na cor da sopa e explicar. ● Convidar os convidados a sentir a diferença de gosto e lhes explicar.	● Chá verde frito: O aroma é dominado pelo aroma de castanha e feijão frito, e o sabor é suave.
		● Chá verde assado: A sopa é clara, perfumada e doce.
		● Chá verde seco ao sol: O sabor é forte.
		● Chá verde cozido no vapor: O sabor é parecido com algas marinhas e a sopa é verde.

Tabela 3.3 Tabela de Avaliação de Introdução ao Chá Verde

Mestre de chá:

Conteúdo	Critério	Respostas	
		Sim	Não
Preparação de amostras de chá	Preparar a quantidade adequada de suportes de chá.		
	Pegar amostras de chá e prestar atenção à higiene.		
	Escrever as etiquetas corretamente.		
Processo de preparo	Prestar atenção à higiene.		
	A operação está correta ao preparar de acordo com os parâmetros.		
	Prestar atenção à segurança do uso da água e eletricidade.		
A exatidão do conteúdo da apresentação	As características do chá verde frito são contadas corretamente.		
	As características do chá verde assado são contadas corretamente.		
	As características do chá verde seco ao sol são contadas corretamente.		
	As características do chá verde cozido no vapor são contadas corretamente.		
	A base de classificação é explicada claramente.		
Expressões	A expressão é fluente, concisa e precisa.		
	Continuar sorrindo.		

Inspetor: Hora:

Perguntas e respostas

P: Durante o processo de preparo, o cliente perguntou a Xiaofei, o mestre do chá, de onde veio o chá verde cozido no vapor e quais variedades famosas e de alta qualidade existem.

R: A resposta de Xiaofei foi a seguinte: As principais áreas produtoras de chá verde cozido no vapor estão em Enshi, Hubei e Zhejiang na China. Entre eles, o Enshi Yulu produzido em Enshi é um chá verde cozido no vapor muito famoso, e o pó de chá verde cozido no vapor usado para fazer condimento é produzido principalmente em Zhejiang.

P: Os convidados acham que o Longjing é muito delicioso e estão muito curiosos sobre a origem do nome deste chá.

R: A resposta do mestre de chá Xiaofei foi a seguinte: Há duas razões pelas quais este chá é chamado West Lake Longjing. A primeira delas é que na vila a oeste de Lago Oeste de Hangzhou West Lake, há um poço antigo com uma longa história. Segundo a lenda, o poço está ligado à água do mar, e há um dragão nele. Por isso foi nomeado Longjing (Poço de dragão), que mais tarde foi usado como o nome da vila. Existem jardins de chá perto de Longjing, então o chá produzido nesta área é chamado de chá Longjing. A segunda razão é porque a qualidade do chá produzido na área perto do Lago Oeste é muito boa, e o Lago Oeste é um ponto turístico bem conhecido em Hangzhou. Para ajudar na publicidade do local, este chá é chamado West Lake Longjing.

P: Alguns clientes dizem que o sabor do chá verde cozido no vapor é diferente de outros chás verdes, e a sopa de chá também é muito verde. Foram adicionados outros ingredientes?

R: Quando os mestres de chá recomendam chá verde cozido no vapor aos convidados, antes eles devem explicar a diferença entre as características de qualidade do chá verde cozido no vapor e outros chás verdes, para evitar dúvidas sobre a qualidade do chá causadas pela falta de compreensão. Devido à fixação ao vapor, o chá verde cozido no vapor preserva a clorofila nas folhas de chá ao máximo, de modo que a sopa de chá parece muito verde e as características são muito diferentes de outros chás verdes. Além disso, devido à fixação do vapor, alguns aromas de baixa ebulição não são liberados como os chás verdes que ficam em fixação em altas temperaturas. Portanto, este tipo de chá verde terá um aroma ensopado e, após a secagem, as folhas de chá terão cheiro de algas marinhas.

Conhecendo um pouco mais

Variedades representativas de chá verde cozido no vapor

O chá verde cozido no vapor da China é produzido principalmente em Hubei e Jiangsu. As principais variedades são Enshi Yulu de Enshi, Hubei, chá de cacto de Dangyang, Hubei, chá Yangxian de Yixing, Jiangsu e chá verde da marca Xiongou Warrior de Zhanjiang, Guangdong.

- **Enshi Yulu Tea** é um chá verde tradicional chinês cozido no vapor, que é feito de um botão e uma folha ou um botão e duas folhas frescas com folhas verdes escuras e é fixado ao vapor. A Enshi Yulu tem requisitos rigorosos de separação e processamento. Os botões e as folhas devem ser tenros e uniformes, as tiras de chá são firmes, redondas e lisas, uniformes e retas, como agulhas de pinheiro, os fios brancos ficam expostos e a cor é verde escuro e verde esmeralda. A sopa de chá é clara e brilhante, e o aroma é puro e duradouro. O sabor é fresco e doce, o fundo das folhas é macio e brilhante, e a cor é verde como jade. Os chamados "Três verdes(chá verde, sopa verde e fundo de folha verde)", chá verde, sopa verde e fundo de folha verde, são as principais características do Enshi Yulu.

- **O chá de cacto** é produzido na Montanha Yuquan em Dangyang, Hubei. Depois de transformado em chá, a forma é plana como dedos, a cor é verde esmeralda e os fios brancos são revelados. Após a fermentação, os botões e as folhas são esticados, o verde tenro é transformado em flores, a sopa é clara e brilhante, a fragrância é leve e elegante, o sabor é fresco e suave e o sabor residual é doce.

- **O chá Yangxian** é produzido em Yixing, Jiangsu, e é famoso por sua sopa clara, aroma e sabor suave. O chá Yangxian Zisun tem uma longa história e grande reputação desde os tempos antigos. "O Filho do Céu[imperador] não provou o chá Yangxian, e todas as ervas não ousam florescer primeiro". Sempre foi tão famoso quanto Hangzhou Longjing e Suzhou Biluochun, e foi listado como uma homenagem.

- **O chá verde cozido no vapor da marca Xiongou Warrior** é produzido em Zhanjiang, Guangdong, e é o primeiro lote de alimentos verdes certificados. Em 2004, foi reconhecido como uma famosa cultura subtropical do sul (chá) pelo Ministério da Agricultura da China. Em 2005, ganhou o primeiro prêmio da sexta avaliação nacional famosa do chá "China Tea Cup" e ganhou o título de Produtos Agrícolas Chineses em 2006.

HABILIDADE TÉCNICA 2

Descrevendo as aparências do chá verde

Objetivos de aprendizado

• Descrever a forma do chá verde comum.
• Descrever a cor do chá verde comum.

Conceito central

Aparência de chá verde: Geralmente inclui a cor e a forma das folhas de chá. A aparência comum do chá verde é em forma de cordão, verde, com fios brancos.

Informações relacionadas

A degustação da forma do chá verde geralmente inclui dois elementos: forma e cor. As características de forma do chá verde comum são mostradas na Tabela 3.4.

Tabela 3.4 Formas do chá verde comum

Formas	Características	Imagens
Forma de botão único	● Forma uniforme, composta basicamente por um único botão de chá, com forma natural, sem folhas óbvias.	
Forma plana	● Os bastões de chá secos são planos, lisos e pouco felpudos.	
Forma de barra reta	● A barra de chá é reta, geralmente se forma em um botão e uma folha.	
Forma de barra curva	● A barra de chá é curvada.	

Formas	Características	Imagens
Forma espiral	● Os bastões de chá são enrolados em forma de espiral, com distinção entre cabo e ponta.	
Forma de grânulo	● Os bastões de chá são enrolados juntos para formar um grânulo sólido.	

As características de cor do chá verde comum são mostradas na Tabela 3.5.

Tabela 3.5 Características de cor do chá verde comum

Cor	Características	Imagens
Verde esmeralda	● A cor é fresca e vívida, semelhante ao verde das plantas verdes novas, que é a cor do chá verde fresco de alta qualidade.	
Verde amarelado	● As folhas são de cor verde amarelada.	
Verde escuro	● As folhas de chá são de cor verde escura.	
Verde acinzentado	● Cor verde e geada na superfície das escura.	
Branco com fios	● Com muitos fios brancos densos cobertos em folhas e botões expostos.	

Atividade do capítulo

A casa de chá realizará uma competição com direito a prêmio. Os clientes de chá que conseguirem identificar e descrever corretamente a forma e a cor das folhas de chá poderão afiliar-se a casa de chá e usufruem do desconto de 10% nos serviços de chá. As atividades didáticas são realizadas de acordo com a simulação situacional a seguirsituacional a seguir.

1. Ambiente da atividade

- Ambiente da casa de chá
- Quatro tipos de chá verde
- Jogo de chá

2. Organização da atividade

- Dividir os alunos grupos com 3 ou 4 pessoas para desempenhar os papéis de mestre de chá, convidado e inspetor, respetivamente.
- Selecionar representantes de cada grupo para participar da Competição de Identificação das Folhas de Chá: de acordo com as palavras sobre formas sorteadas, selecionar as folhas de chá correspondentes das 4 amostras de chá; de acordo com as palavras de cores sorteadas na loteria, selecionar as folhas de chá correspondentes das 4 amostras de chá.
- Resumir e avaliar os convidados com a mais alta precisão de desempenho.
- Apresentar prêmios aos convidados.

3. Segurança e precauções

- As folhas de chá devem estar frescas e bem conservadas.
- Pegar as folhas de chá corretamente para evitar que as folhas de chá caiam e derramem.

4. Detalhes da atividade (consultar Tabela 3.6: Tabela de Atividade da Reconhecimento da Forma do Chá Verde)

5. Avaliação (consultar Tabela 3.7: Tabela de Avaliação de Reconhecimento da Forma do Chá Verde)

Tabela 3.6 Tabela de Atividade da Reconhecimento da Forma do Chá Verde

Conteúdo	Descrição	Critério
Preparação de amostras de chá	● Retirar uma quantidade adequada de amostras de chá e colocá-las nos suportes de chá, fazer etiquetas e anotar o número de série.	● Suportes de chá unificados, claramente marcados.
Preparar o papel de etiqueta e escrever palavras que descrevam a forma do chá verde	● Escrever uma palavra em cada papel de etiqueta.	● Cor: verde esmeralda, verde amarelado, verde escuro, verde acinzentado, branco cheio de fios.
		● Forma: forma de botão único, forma plana, forma de barra reta, forma de barra curva, forma de espiral, forma de grânulos.
Representantes do grupo conduzem a identificação da forma do chá verde	● Colocar o rótulo correspondente na amostra de chá.	● A cor e a forma estão corretas.
Selecionar o que se saiu melhor	● Selecionar o representante do grupo com a taxa de precisão mais alta.	● Selecionar o representante do grupo com a taxa de precisão mais alta.

Tabela 3.7 Tabela de Avaliação de Reconhecimento da Forma do Chá Verde

Mestre de chá:

Conteúdo	Critério	Respostas	
		Sim	Não
Processo de exemplos de chá	Preparar a quantidade adequada de suportes de chá.		
	Pegar amostras de chá e prestar atenção à higiene.		
	A etiqueta está escrita correta e claramente.		
Processo de identificação	Observar cuidadosamente a aparência.		
	Ficar no lado claro para observar, evitar bloquear a luz.		

Inspetor: Hora:

Perguntas e respostas

P: Como um dos dez principais chás famosos da China, quais são as características da aparência do West Lake Longjing?

R: A forma do West Lake Longjing é plana e lisa, os brotos são afiados, os botões são mais longos que as folhas. A superfície do corpo não tem fios e a cor é verde brilhante. Com o declínio da temperatura, a cor do chá Longjing mudará de verde claro para verde e verde escuro. O corpo do chá aumenta, o chá muda de suave a áspero e o aroma também fica mais forte.

P: Quais são as características da aparência de Biluochun?

R: Biluochun é um dos melhores chás verdes da China. É considerado um excelente produto. É produzido principalmente na Montanha Este Dongting e Montanha Oeste Dongting na cidade de Suzhou, província de Jiangsu. Os três caracteres "Biluochun" têm suas próprias origens: "Bi" descreve sua cor como jaspe, "luo" refere-se à sua forma encaracolada como um caracol e "chun" refere-se ao chá colhido no início da primavera em volta de Qingming.

A aparência de Biluochun é caracterizada por fios numerosos, cordas apertadas e pesadas, que são longas e delicadas, enroladas em forma de caracol, e a cor é verde prateada com um pequeno toque de verde esmeralda.

P: Depois que o chá foi preparado, o cliente fez uma reclamação. Havia uma camada de fios brancos na superfície do chá. Isso significa que o chá estava mofado?

R: Os fios brancos que flutuam na superfície da sopa de chá são os fios das folhas de chá, ou seja, os pequenos fios na ponta dos botões de chá, também chamados de "fios de chá", que são ricos em nutrientes como teanina e chá polifenóis. Em muitos casos, é usado como um importante indicador da leveza do chá. Em circunstâncias normais, brotos e folhas novas e de alta qualidade terão mais fios e seu teor de aminoácidos é significativamente maior do que o do corpo do chá. A família dos aminoácidos é a fonte do sabor fresco e doce da sopa de chá. Após a preparação, ele se dissolve na sopa de chá, o que pode aumentar o aroma e o sabor da sopa de chá.

Portanto, o chá feito de folhas de chá com mais fios tem uma fragrância distinta e é mais refrescante.

Conhecendo um pouco mais

Taiping Houkui em forma de alga marinha

Taiping Houkui é um chá famoso com história na província de Anhui, pertencente à categoria de chá verde. É produzido em Houkeng, Hougang e Yancun no condado de Taiping, no sopé norte do Monte Huangshan, na China. A forma de Taiping Houkui é particularmente proeminente no chá verde. Suas folhas são retas, levemente pontiagudas nas duas extremidades, planas e uniformes, grossas e fortes, e a cor é verde fraco. A nervura principal das folhas é amarronzada, como azeitonas; ao fermentar, ela se desdobra lentamente e ganha a forma de flores, com duas folhas segurando um botão, pendurado ou afundando, como algas frescas ondulando no mar.

Existe uma lenda local sobre o nome de "Taiping Houkui". É dito que nos tempos antigos, um montanhista estava colhendo chá quando, de reprente, sentiu uma fragrância refrescante. Depois de procurar cuidadosamente, ele descobriu que havia alguns arbustos de chá verde selvagem crescendo nas fendas entre as rochas abruptas e irregulares. Foi uma pena que não houvesse videira para subir, nem caminho para seguir, então o montanhista teve que sair desesperado, mas ele nunca pode esquecer as folhas tenras e a fragrância. Então, o montanhista começou a treinar alguns macacos. A cada época de colheita do chá, ele cobria os macacos com um pano e os deixava subir e colher. As pessoas provaram este chá e o chamaram de "O Rei do Chá", e porque foi colhido por macacos, as gerações posteriores simplesmente o chamaram de "HouKui" (Líder dos Macacos).

Objetivos de aprendizado

- Descrever os componentes do chá verde e seus benefícios à saúde.
- Recomendar variedades de chá verde com base nos seus benefícios para a saúde.

Conceito central

Componentes benéficos à saúde: As substâncias do chá que são benéficas para a saúde humana incluem principalmente polifenóis do chá, cafeína, aminoácidos, vitaminas etc.

HABILIDADE TÉCNICA 3
Descrevendo os benefícios do chá verde

Informações relacionadas

O chá verde não é chá não fermentado. Seu processo de processamento pode maximizar a preservação de componentes que trazem benefícios à saúde em folhas de chá frescas. Portanto, é rico em polifenóis do chá, cafeína, aminoácidos, vitaminas etc. Tem anti-radiação, anti-oxidação, anti-envelhecimento e ajuda a refrescar o cérebro, dissipar o calor e outros efeitos. Os ingredientes de saúde específicos e a eficácia são mostrados na Tabela 3.8.

O chá verde contém vários componentes benéficos à saúde

Tabela 3.8 Principais componentes do chá verde que são benéficos à saúde

Principais componentes para a saúde	Benefícios
Polifenóis do chá	● Antioxidante, anti-radiação e melhora a imunidade.
Aminoácidos	● Acalma os nervos, mantém a calma e melhora a memória.
Cafeína	● Ajuda na digestão, diurese, refresca a mente e elimina a fadiga.
Vitaminas	● Suplementa o corpo com vitaminas essenciais.

Atividade do capítulo

A casa de chá está prestes a lançar um evento de degustação com o tema "Chá de Primavera". Xiaohong, um mestre de chá, precisa explicar aos convidados os benefícios do chá verde para a saúde, combinado com a sopa de chá verde.

As atividades didáticas são realizadas de acordo com a simulação situacional a seguir.

1. Condições da atividade
- Ambiente da casa de chá
- Preparar amostras de chá verde
- Preparar o jogo de chá

2. Organização da atividade
- Dividir os alunos em grupos de quatro pessoas, sendo uma delas o supervisor e as outras os mestres de chá.
- O mestre de chá prepara o chá na xícara de chá piaoyi e convida os convidados a provar a sopa de chá.
- O mestre do chá explica os benefícios do chá verde para a saúde e orienta os convidados a beberem mais chá verde.
- Os convidados comentam a explicação do mestre do chá.

3. Segurança e precauções
- O jogo de chá não deve estar danificado.
- As folhas de chá devem estar frescas e bem conservadas. Pegar as folhas de chá corretamente para evitar que as folhas de chá caiam e derramem.
- Durante a operação, a chaleira instantânea deve ser colocada em um local onde não seja fácil esbarrar e a tomada do cabo de alimentação deve ser energizada com segurança.
- Encher o bule com água até 70% da chaleira instantânea para evitar que a água fervente transborde, queime o artista ou cause um curto-circuito no quadro de energia. O bico da chaleira instantânea deve ficar voltado para dentro e o bico não deve ficar voltado para os clientes.
- Evitar derramar chá ao servir os convidados e prestar atenção para despejar o chá cerca de 70% da xícara de chá para evitar queimar os clientes.
- O equipamento de áudio está normal e sem ruídos.
- Prestar atenção à aparência e comportamento.

4. Detalhes da atividade (consultar Tabela 3.9: Tabela de Atividade sobre a Descrição dos Benefícios do Chá Verde para a Saúde)
5. Avaliação (consultar Tabela 3.10: Tabela de Avaliação sobre a Descrição dos Benefícios do Chá Verde para a Saúde)

Tabela 3.9 Tabela de Atividade sobre a Descrição dos Benefícios do Chá Verde para a Saúde

Conteúdo	Descrição	Critério
Preparar amostras de chá	● Escolher um chá verde cujas folhas são colhidas na primavera.	● Pegar as amostras de chá de forma higiênica.
		● As folhas de chá estão frescas.
Preparar chá verde	● Preparar em uma xícara de chá piaoyi.	● Dividir uniformemente em cada xícara de chá.
	● Dividir em xícaras de chá.	● Convidar o cliente para provar o chá.
	● Convidar os convidados para provar o chá.	
Introduzir os benefícios do chá verde	● Apartir das amostras de chá, introduzir as características do chá.	● Apresentar as características de aparência do chá.
		● As características do chá são expressas corretamente.
	● Apartir das amostras de chá, introduzir os benefícios do chá.	● A introdução de ingredientes de cuidados de saúde eficaz chá verde está correta.
		● A introdução dos benefícios para a saúde do chá verde está correta.

Tabela 3.10 Tabela de Avaliação sobre a Descrição dos Benefícios do Chá Verde para a Saúde

Mestre de chá:

Conteúdo	Critério	Respostas	
		Sim	Não
Escolher e retirar o chá verde	Pegar a amostra de chá de forma higiênica.		
	As folhas de chá estão frescas.		
Descrição da aparência	Comunicação precisa.		
	As características das amostras de chá são explicadas corretamente.		
Descrição dos benefícios	A descrição de ingredientes de cuidados do chá verde para a saúde está correta.		
	A descrição dos benefícios do chá verde para a saúde está correta.		

Inspetor: Hora:

Perguntas e respostas

P: Para quem o chá verde é mais indicado?

R: Por causa de suas propriedades anti-radiação e anti-oxidação, o chá verde é mais indicado para pessoas que ficam muito tempo na frente do computador, em escritório e pode ajudá-las a combater a radiação de produtos eletrônicos no corpo humano.

P: Quais são os principais benefícios do chá verde para a saúde?

R: Os principais efeitos do chá verde para a saúde são: Anti-radiação, anti-oxidação, refrescância e suplementação de vitamina C.

P: Um cliente chegou na casa de chá por volta do meio-dia e, depois de beber muito chá verde, acabou sentindo-se enjoado e tonto. Por que isso aconteceu?

R: Antes de beber chá verde, é preciso ter se alimentado antes, pois não é adequado beber chá verde com o estômago vazio. Se você bebe muito chá verde de uma só vez, deve comer sobremesas e frutas ao mesmo tempo para repor as energias. Isso ocorre porque os polifenóis do chá e a cafeína no chá verde podem causar baixa de açúcar no sangue no corpo humano, causando tontura e náusea. Mas este tipo de baixo nível de açúcar no sangue é reversível, desde que o açúcar seja reposto a tempo.

Conhecendo um pouco mais

Chá novo e chá antigo

Temos o chá novo e aliás também o chá antigo. Tradicionalmente, as pessoas costumam chamar os primeiros lotes de folhas frescas colhidas das árvores do chá na primavera daquele ano de "Chá Novo". O "Arrebatador Chá Novo" no departamento de compra de chá, o "Novo Chá à Venda" no departamento de vendas e o "Sabor Novo" pelos consumidores de chá referem-se aos primeiros lotes de chá que são colhidos e processados a cada ano. No entanto, algumas pessoas chamam todos os chás colhidos e processados naquele ano como "Chá Novo", e os chás colhidos e processados antes do ano anterior ou até mais (mesmo que sejam bem conservados e tenham boas propriedades de chá) são chamados coletivamente de "Chá antigo".

Para a maioria das variedades de chá, os novos chás são naturalmente preferidos aos chás mais antigos. "Beber Chá Novo e Vinho Velho" é um resumo de longo prazo da vida de beber chá das pessoas. A cor, o aroma, o sabor e a forma do novo chá dão às pessoas uma sensação de frescor, que é chamada de "aroma fresco", enquanto o chá antigo do ano anterior, seja pela cor ou pelo sabor, sempre tem "fragrância e sabor fortes". Isso acontece porque durante o processo de armazenamento das folhas de chá, sob a ação da luz, calor, água e gás, alguns desses compostos são transformados em outros compostos que nada têm a ver com a qualidade das folhas de chá e, por fim, com a cor, o aroma, o sabor e a forma do chá se desenvolverão em uma direção que não é propícia à qualidade do chá, e o chá produzirá cheiro, sabor e cor velhos.

Objetivos de aprendizado

• Descrever os três elementos da preparação de chá verde.
• De acordo com os três elementos da preparação de chá verde, a xícara de chá piaoyi é usada para preparar chá verde.

Conceito central

Elementos de preparo: Refere-se a vários principais fatores que afetam a qualidade da sopa de chá durante o processo de preparo do chá, incluindo três fatores principais: tempo de preparo, temperatura da água durante o preparo e proporção de chá e água.

Informações relacionadas

Três elementos do preparo de chá verde

Temperatura da água de fermentação. A temperatura da água para a preparação de chá verde é geralmente de 85 a 95 graus, dependendo da maciez das folhas de chá. Chá com mais botões e uma folha, ou chá com um único botão geralmente requer a temperatura da água por volta de 85 graus. A temperatura da água de preparação é de cerca de 90 graus para o tipo plano ou tipo curvo do novo chá no ano atual. Se tiver um botão com duas ou três folhas ou mais, ou o chá antigo do ano passado, a temperatura da água de preparação deve ficar entre 90 e 95 graus.

Tempo e vezes de preparação. O tempo de preparação do chá verde é determinado principalmente pelos dispositivos de preparação. Se for o método de preparo do copo, já que o copo é usado diretamente para beber após a preparação, o tempo de imersão deve ser de cerca de 15 segundos e, quando sobrar um terço da xícara de sopa de chá, o copo precisa ser reabastecido com água. Se for uma tigela com tampa e outros utensílios de chá Gongfu, o primeiro tempo de preparação é de cerca de 15 segundos, após o qual a

HABILIDADE TÉCNICA 1
Descrevendo os principais elementos da preparação de chá verde

Temporizador

Termômetro

concentração aumenta de 3 a 5 segundos a cada preparação, e a sopa de chá precisa ser drenada a cada vez.

O chá verde é geralmente preparado três vezes. Se você usar o método de preparo do copo, encha o copo 2 vezes; se você usar uma tigela com tampa para preparar, você pode trocar as folhas de chá após 3 a 4 vezes de servir a sopa de chá.

A proporção de chá e água. A proporção de chá e água para preparar o chá verde é geralmente de 1:50, ou seja, se o chá for de 3 gramas, 150 ml de água são injetados para a preparação. Ao preparar, o volume específico de chá e água deve ser ajustado de acordo com a proporção de chá para água de 1:50.

Usar a xícara de chá piaoyi para preparar chá verde de acordo com os três elementos da preparação de chá verde

A xícara de chá piaoyi é um utensílio simples para fazer chá. Se você não estiver familiarizado com a operação de preparação de jogo de chá tradicionais, poderá escolher a xícara de chá piaoyi para preparação. Contanto que você domine os elementos de preparo, você também pode usar a xícara de chá piaoyi para preparar uma sopa de chá com excelente fragrância.

Ao preparar, faça o seguinte:

- Ao usar a xícara de chá piaoyi para preparar o chá verde, deve-se notar que a proporção chá-água deve ser calculada antecipadamente de acordo com a capacidade da xícara de chá piaoyi e a quantidade de folhas de chá.
- Controlar o tempo da preparação e as vezes de reabastecimento de água.
- A temperatura da água para a preparação deve depender da leveza do material do chá.
- Antes de começar a preparação, a xícara de chá piaoyi deve ser lavada uma vez com água morna.

Atividade do capítulo

Xiaofang, uma mestra de chá que trabalha no hotel, recebeu a tarefa de preparar chá verde em xícaras de chá piaoyi para os clientes que vieram jantar. Foi pedida que preparasse o chá com os produtos de chá verde encomendados por eles.

As atividades didáticas são realizadas de acordo com a simulação situacional a seguir.

1. Condições da atividade
- Ambiente da casa de chá
- Preparar amostras de chá verde
- Preparar o jogo de chá

2. Organização da atividade
- Limpar a xícara de chá piaoyi e preparar a água.
- Com o produto de chá selecionado pelo cliente, preparar o chá verde seguindo os elementos de preparação.
- Servir chá aos clientes.

3. Segurança e precauções

- O jogo de chá não deve estar danificado.
- As folhas de chá devem estar frescas e bem conservadas. Pegar as folhas de chá corretamente para evitar que as folhas de chá caiam e derramem.
- Durante a operação, a chaleira instantânea deve ser mantida em um local onde não seja fácil esbarrar e a tomada do cabo de alimentação deve ser energizada com segurança.
- Encher a chaleira instantânea com a água até 70% para evitar que a água fervente transborde, queime o artista ou cause um curto-circuito no quadro de energia. Manter o bico voltado para dentro e não virar o bico na direção dos clientes.
- Evitar derramar chá ao servir os convidados e despejar a água cerca de 70% do copo ao servir o chá para evitar queimar os clientes.
- O equipamento de áudio está normal e sem ruídos.
- Prestar atenção à aparência.

4. Detalhes da atividade (consultar Tabela 3.11: Tabela de Atividade de Explicação dos Principais Elementos para Preparação do Chá Verde)

5. Avaliação (consultar Tabela 3.12: Tabela de Avaliação de Preparação de Chá Verde usando Xícaras de Chá Piaoyi)

Tabela 3.11 Tabela de Atividade de Explicação dos Principais Elementos para Preparação do Chá Verde

Conteúdo	Descrição	Critério
Retirar o chá com um suporte de chá para uso com o produto de chá verde encomendado pelo cliente	● De acordo com os fatores de preparação, pesar a quantidade adequada de folhas de chá para uso.	● O chá é pesado com precisão e o critério para a quantidade de chá é descrito. ● As folhas de chá são tomadas de forma higiênica e não espalhadas.
Preparar a água	● Ajustar a água de preparação a uma temperatura adequada de acordo com as características das folhas de chá.	● Observe cuidadosamente a forma e as características das folhas de chá para determinar o grau das matérias-primas. ● Ajuste a temperatura da água de acordo com o grau das matérias-primas do chá e esclareça a temperatura da água de preparação do chá verde.
Aquecer o jogo de chá	● Lavar o interior da xícara de chá piaoyi com água morna e, em seguida, despejar a água.	● Lave com água morna. ● Preste atenção à segurança ao lavar com água morna, descarte a água.
Colocar o chá na xícara	● Colocar as folhas de chá na xícara de chá piaoyi. ● Despejar a água que a temperatura foi ajustada no copo. ● Depois de esperar 15 segundos, pressionar o botão para drenar a sopa de chá.	● As folhas de chá não ficam espalhadas para fora do jogo de chá, mas colocadas na xícara. ● O tempo da sopa é preciso e esclareça o tempo de imersão do chá verde ao preparar. ● A quantidade de preparação de água é realizada de acordo com a proporção de chá para água, e a proporção de chá para água para preparar o chá verde é introduzida.
Servir o chá	● Despejar a sopa de chá e servir aos convidados.	● Sirva o chá com as duas mãos. ● Faça a etiqueta de levantar as mãos. ● Peça aos convidados para beber chá e os lembre de prestar atenção à sopa quente na hora de beber.

Tabela 3.12 Tabela de Avaliação de Preparação de Chá Verde usando Xícaras de Chá Piaoyi

Mestre de chá:

Conteúdo	Critério	Respostas	
		Sim	Não
Retirar o chá verde com um suporte de chá para uso	Pesar as folhas de chá com precisão.		
	As folhas de chá são tomadas de forma higiênica e não espalhadas.		
Preparar a água de preparação	As folhas de chá são tomadas de forma higiênica e não espalhadas.		
	Adjust water temperature.		
Aquecer o jogo de chá	Aquecer o jogo de chá.		
	Prestar atenção à segurança da água.		
Despejar o chá para preparar	As folhas de chá não ficam separadas.		
	O primeiro tempo de imersão é de 15 segundos.		
	A proporção de chá e água é de 1:50.		
Servir chá	Servir o chá com as duas mãos.		
	Fazer a etiqueta de levantar as mãos.		
	Lembrar os convidados para tomarem cuidado com a temperatura do chá.		

Inspetor: Hora:

Perguntas e respostas

P: Descreva os elementos de preparação do chá West Lake Longjing.

R: O chá West Lake Longjing é um tipo de chá verde famoso de alta qualidade. Existe um processo de prensagem manual leve nos processos de produção, e foi feito com a matéria-prima de folhas de chá com um botão e uma folha. De acordo com as características acima, ao preparar o chá West Lake Longjing, a temperatura da água não deve ser muito baixa, caso contrário, os botões de chá levemente pressionados não serão fáceis de preparar. A temperatura também não pode ser muito alta, caso contrário, os delicados botões de chá serão facilmente escaldados. Logo, a temperatura da água deve ser de 90 graus. Se você optar por preparar em uma xícara de chá piaoyi, a proporção de chá para água é de 1:50, a quantidade de folhas de chá é de 4 gramas, 200 ml de água são injetados, a temperatura da água de preparo é de 90 graus, a sopa é preparada para 15 segundos, e a preparação pode ser repetida 3 vezes.

P: Descreva os elementos de preparação de Biluochun.

R: Biluochun também é um tipo de chá verde famoso de alta qualidade. Os botões são delicados e macios, cobertos de fios brancos, e os bastões de chá são delicados e curvos. É uma espécie de chá verde frito. De acordo com as características acima, a temperatura da água para preparação deve ser relativamente baixa, pois o fio branco revelado indica que não foi pressionado e mexido por muito tempo durante o processo de preparação do chá, e os bastões de chá são mais fáceis de preparar. Além disso, como os botões de chá são delicados, se a temperatura da água de preparação for muito alta, é fácil escaldar as folhas de chá, portanto, você deve escolher uma temperatura da água entre 80 e 85 graus. Se você optar por preparar em uma xícara de chá piaoyi, a proporção de chá para água é de 1:50, a quantidade de folhas de chá é de 4 gramas, 200 ml de água são injetados, a temperatura da água de fermentação é de 80-85 graus, a sopa é fabricada em 15 segundos, e o preparo pode ser repetido 3 vezes.

P: Como posso explicar ao cliente se ele duvidar que a sopa de chá verde tenha um sabor fraco?

R: O chá verde é um chá não fermentado entre os seis principais tipos de chá da China, e o sabor da sopa de chá também é relativamente suave entre todos os tipos de chá, especialmente o famoso chá verde de alta qualidade. Se você quiser beber chá com um sabor mais forte, pode aumentar gradualmente a quantidade de chá e alterar a proporção de chá para tornar a sopa de chá mais forte.

Conhecendo um pouco mais

Vários outros métodos de beber chá verde

● **Método de preparação em vidro:** É indicado para chás delicados e famosos, e é recomendado observar o processo de preparo (o alongamento lento, flutuação e troca de folhas; ou seja, a chamada "dança do chá". Além disso, preparar o chá dessa maneira também é conveniente para observar a cor da sopa do chá verde, pois o vidro dissipa o calor rapidamente, evitando que os botões do chá fiquem amarelos.

● **Método de preparação em xícara de porcelana:** É indicado para a preparação de chá verde de grau médio e alto. As folhas de chá deste tipo de chá verde são maduras e resistentes à fermentação, e podem ser preparadas com água quente a 95 graus.

● **Método de preparação em bule de vidro:** Geralmente não é indicado para o preparo de chás delicados e famosos, porque há muita água no bule. Não é fácil esfriar e o chá será cozido, fazendo com que perca o frescor da fragrância. O método de preparação em bule de vidro é adequado para preparo de chá verde de grau médio e baixo e é usado em ocasiões com muitas pessoas.

● **Método de beber chá verde com arroz:** Nas áreas rurais de Jiangnan, quando a estação agrícola ou o verão é quente, as pessoas não têm tempo livre para saborear o chá. Então muitas vezes tomam chá com a refeição. Todos os dias, um grande bule de chá ou um grande tonel de chá é preparado. Ao comer, o chá é despejado no arroz, e o arroz é então consumido com os legumes misturados. É especialmente refrescante e chamado de "chá verde sobre arroz" entre as pessoas. Este método não é usado apenas na China, mas também no Japão.

● **O método de beber e comer da sopa de chá e resíduos de chá:** Os resíduos de chá são as folhas de chá deixadas depois de beber o precioso chá verde leve. É uma pena que seja descartado. Em algumas áreas, as pessoas mastigam e engolem resíduos de chá para aproveitar ao máximo os nutrientes. Claro, se as folhas de chá forem velhas ou fibrosas, elas não devem ser mastigadas. Este método de beber chá e mastigar resíduos existe desde os tempos antigos. Está registrado no *Qing Bai Lei Chao*: "O povo de Hunan não apenas bebe a sopa do chá, mas também mastiga suas folhas. Quando os convidados chegarem, eles irão preparar o chá. É desrespeitoso servir o convidado com um bule de chá. Isso porque se você olhar dentro da tigela de chá depois que os convidados forem embora, você vai perceber que não há nada dentro, pois as folhas de chá foram mastigadas por eles". Hoje, na zona rural montanhosa de Hunan e outros lugares, permanece esse costume de mastigar resíduos de chá.

HABILIDADE TÉCNICA 2

Descrevendo as propriedades do chá verde

Objetivos de aprendizado

- Descrever corretamente as características do chá verde.
- Recomendar o chá verde de acordo com as características de cada um deles.

Conceito central

As características intrínsecas do chá verde incluem principalmente três aspetos: cor, aroma e sabor da sopa de chá. A cor da sopa de chá é verde tenra, verde amarelada ou amarelo esverdeada, todas claras e translúcidas. A sopa de chá tem um aroma fresco, incluindo aroma de feijão, aroma de castanha e aroma floral. Em geral a sopa de chá possui sabores fresco, doce e puro.

Informações relacionadas

As características da sopa de chá verde

A cor da sopa de chá verde é predominantemente verde. De acordo com a diferença no processamento e nas matérias-primas de vários produtos de chá, a sopa de

Cor da sopa de chá verde: amarelada clara (▲), tenro brilhante (◣), amarelo esverdeado brilhante (◢)

chá pode amostra cores verde claro, verde amarelado e amarelo esverdeado.

● **Verde tenro brilhante:** A sopa de chá é clara e translúcida, e a cor da sopa é verde, semelhante ao verde tenro de novos brotos. O chá verde de "um botão, uma folha" e alguns chás verdes fritos de alta qualidade tem sopa verde tenro brilhante.

● **Amarelo esverdeado brilhante:** A sopa de chá é clara e translúcida, principalmente verde, pouco amarelo visível. A maioria dos chás verdes fritos de alta qualidade sempre possui esta aparência.

● **Verde amarelado brilhante:** a sopa de chá é clara e translúcida, principalmente amarela, pouco verde visível. A maioria dos chás verdes comuns tem esta cor.

As características do aroma do chá verde

O aroma do chá verde é principalmente fresco e, de acordo com a classificação, pode ser dividido em tipos com aroma de feijão, de castanha e floral.

● **Tipo com aroma de feijão:** Semelhante ao aroma de soja frita, é um aroma comum de chá verde frito, como o Maojian.

As características do aroma do chá verde: feijão verde assado

● **Tipo com aroma de castanha:** Semelhante ao aroma de castanha cozida, é um aroma comum de chá verde frito, como West Lake Longjing.

● **Tipo com aroma floral:** Semelhante ao aroma da orquídea, é um aroma comum do famoso chá verde de alta qualidade, como Biluochun, Lu'an Guapian.

As características do aroma do chá verde: castanha assada

As características de sabor do chá verde

A sopa de chá verde de boa qualidade tem um leve amargor, mas o sabor residual é suave, doce e fresco, e a boca fica cheia de saliva. Os sabores podem ser divididos em três categorias: frescura, doçura e pureza.

● **Frescura:** A sopa de chá é relativamente rica em sabor, com

As características do aroma do chá verde: orquídea

gosto umami óbvio, sem adstringência óbvia, e a sopa de chá é suave. Ex.: Biluochun e Xinyang Maojian.

● **Doçura:** A sopa de chá é rica em sabor, sabor adocicado óbvio, sem adstringência óbvia, e a sopa de chá é suave. Ex.: West Lake Longjing.

● **Pureza:** A sopa de chá tem um sabor suave, com as características comuns do chá verde, sem adstringência óbvia. Ex.: Chás verdes comuns.

Atividade do capítulo

Para celebrar o Dia de Beber Chá (Guyu), a casa de chá Qinhe preparou uma variedade de chás verdes famosos e de alta qualidade para incentivar a população a beber chá verde. O mestre de chá precisa explicar as qualidades do chá verde aos clientes com base nos produtos de chá selecionados pelos convidados, para estimular ainda mais o interesse deles em beber chá.

As atividades didáticas são realizadas de acordo com a simulação situacional a seguir.

1. Condições da atividade
● Ambiente da casa de chá
● Quatro tipos de folhas de chá verde famosas e de alta qualidade
● Preparação do jogo de chá

2. Organização da atividade
● Apresentar aos clientes os nomes e preços dos quatro tipos de chá verde.
● Convidar aos clientes a escolher um tipo de chá.
● Preparar o chá verde selecionado para os clientes.
● Explicar as características intrínsecas do chá verde aos clientes.
● Consultar os clientes sobre a avaliação da qualidade interna dos produtos de chá.
● Guardar o jogo de chá.

3. Segurança e precauções
● O jogo de chá não está danificado.
● As folhas de chá estão frescas e bem conservadas. Pegar as folhas de chá corretamente para evitar que as folhas de chá caiam e derramem.
● Durante a atividade, a espuma de mão deve ser colocada em um local onde não seja fácil esbarrar e a tomada do cabo de alimentação deve ser energizada com segurança.
● Encher com a água fervida até 70% para evitar que a água fervente transborde queime o mestre do chá ou cause um curto-circuito no quadro de energia. Manter o bico voltado para dentro e não virar o bico na direção dos clientes.
● Não derramar chá ao servir os clientes e prestar atenção a 70% cheio ao servir o chá para evitar queimar os clientes.
● O equipamento de áudio está normal e sem ruídos.
● Prestar atenção à aparência.

4. Detalhes da atividade (consultar Tabela 3.13: Tabela de Atividade da Introdução às Características do Chá Verde)

5. Avaliação (consultar Tabela 3.14: Tabela de Avaliação de Introdução às Características do Chá Verde)

Perguntas e respostas

P: Como sentir o aroma ao beber chá verde?

R: Depois de preparar o chá verde, você deve cheirar a fragrância a tempo. O principal objetivo do olfato é identificar a pureza, intensidade, tipo e persistência do aroma, enquanto o cheiro quente pode distinguir se o aroma tem cheiros peculiares e cheiros diversos, além de identificar bem o tipo de aroma. Portanto, depois de preparar a sopa de chá, você pode sentir o aroma da sopa de chá e, em seguida, sentir o aroma do fundo da folha preparada.

P: Como provar o sabor da sopa de chá ao beber chá verde?

R: Depois que a sopa de chá é preparada, é melhor prová-la a cerca de 45 graus. Depois de começar a sopa de chá, deixe-a ficar na superfície da língua por alguns minutos e inalar suavemente com a sopa de chá na boca para sentir o aroma e

Tabela 3.13 Tabela de Atividade da Introdução às Características do Chá Verde

Conteúdo	Descrição	Critério
Introdução aos produtos e preços de chá	● Descrever a origem e o nome dos produtos de chá.	● Descrever a origem e o nome do produto do chá, de forma precisa e clara.
	● A etiqueta de preço fica clara e bem localizada.	● A etiqueta de preço fica clara e bem localizada.
Convidar aos clientes a escolher chá	● Fornecer a lista de chás.	● Fornecer ativamente a lista de chás.
	● Ajudar os clientes a escolher o chá.	● Orientar e ajudar os clientes a escolher o chá.
Preparar o chá verde selecionado pelos clientes	● Preparar o jogo de chá.	● Preparar o jogo de chá completo.
	● Preparar a água para fazer o chá.	● A temperatura da água para fazer o chá está adequada ao chá selecionado.
	● Preparar de acordo com as exigências de preparação do chá verde.	● Preparar de acordo com os elementos de preparação do chá verde. A temperatura da água, a quantidade de chá, o tempo de preparo e os tempos estão corretos.
	● Servir o chá aos clientes.	● Servir o chá com as duas mãos e fazer o gesto de convite.
Explicar as características intrínsecas do chá verde aos clientes	● Explicar a cor da sopa de chá verde.	● Explicar a cor da sopa de chá verde.
	● Explicar o sabor do chá verde.	● O sabor do chá verde é explicado de forma correta e clara.
	● Explicar o aroma do chá verde.	● O aroma do chá verde é explicado de forma correta e clara.
Consultar a avaliação dos clientes sobre a qualidade interna do chá	● Consultar os clientes sobre a avaliação da qualidade interna dos produtos de chá.	● Tomar a iniciativa de consultar os clientes sobre a avaliação da qualidade interna dos produtos de chá.
Guardar os jogos de chá	● Guardar os jogos de chá.	● O jogo de de chá fica bem organizado.

Tabela 3.14 Tabela de Avaliação de Introdução às Características do Chá Verde

Mestre de chá:

Conteúdo	Critério	Respostas	
		Sim	Não
Descrever os produtos e preços de chá	Descrever a origem dos produtos do chá, de forma precisa e clara.		
	Descrever o nome do produto do chá, de forma precisa e simples.		
	A etiqueta de preço é clara e atraente.		
Convidar os clientes a escolher chá	Fornecer lista de chás de forma proativa.		
	Orientar e ajudar os clientes a escolher produtos de chá.		
Preparar o chá verde selecionado para os clientes	Preparar todos os utensílios.		
	A temperatura da água de preparação é de 85 a 90 graus.		
	A quantidade de folhas de chá é de 3 a 5 gramas.		
	Tempo de preparação 3 vezes.		
	O tempo de preparação é de cerca de 15 segundos.		
	Servir o chá com as duas mãos.		
	Fazer o gesto de convite.		
Explicar as características intrínsecas do chá verde aos clientes	A explicação da cor da sopa é correta e clara.		
	A explicação do sabor é correta e clara.		
	A explicação do aroma é correta e clara.		
Consultar a avaliação dos clientes sobre a qualidade dos produtos de chá	Tomar a iniciativa de consultar a avaliação dos clientes.		
Guardar os jogos de chá	O jogo de chá está bem organizado.		

Inspetor: Hora:

depois engolir lentamente. Só assim podemos experimentar plenamente o sabor da sopa de chá.

P: De acordo com o comentário do cliente, a sopa de chá verde é amarela. Isso é um sinal de má qualidade?

R: Existem duas razões para o amarelamento da sopa de chá verde. A primeira razão é porque a sopa de chá está oxidada. Quando a sopa de chá verde acaba de ser preparada, é o melhor momento para observar a cor. Após alguns minutos, a sopa de chá é oxidada no ar e sua cor fica amarela. A segunda razão é o processo de fritura. Muitos chás verdes (especialmente chás verdes fritos) são continuamente mexidos em um bule de ferro durante o processamento, e as substâncias nas folhas de chá serão oxidadas. Depois que esse tipo de chá for preparado, a sopa de chá ficará amarelada.

Conhecendo um pouco mais

Preparação a frio do chá verde

O método de preparação a frio do chá verde pode ser feito de acordo com as seguintes etapas:

- Preparar uma garrafa com 600ml de água mineral ou água fervida fria.
- 1 a 2 pacotes de saquinho de chá verde (TEABAG).
- Colocar o saquinho de chá verde na garrafa de água.
- Agitar a sopa de chá.
- Beber após 15-20 minutos.

É necessário notar que, ao preparar o chá verde a frio, as folhas de chá, a água e o jogo de de chá devem ser preparados primeiro. Entre eles, há mais folhas de chá do que quando você costuma usar água quente para fazer chá, e também pode usar saquinhos de chá especiais. A água é preferencialmente fervida e resfriada ou se usa água natural, e de preferência que não contenha muitos minerais. De um modo geral, cada 1000 ml de água precisar de 10 a 15 gramas de folhas de chá. Se for saquinho/folha de chá verde adicionado de água e colocado na geladeira, pode ser retirado após refrigerar por 8-12 horas. Se for saquinho/folha de chá verde adicionado com água e colocado à temperatura ambiente, deve retirar o saquinho/folha de chá após 3-4 horas. Em seguida, coloque na geladeira até esfriar. Não há grande diferença entre os sabores do chá a frio preparado pelos dois métodos. O primeiro método é mais conviniente e é melhor recomendá-lo aos outros.

O chá frio pode ser bebido sozinho ou misturado com leite, mel, frutas, vinho , se quiser obter um sabor mais agradável.

Parte 3

DESCREVENDO O JOGO DE CHÁ

HABILIDADE TÉCNICA

Usando copo de vidro para preparar e servir o chá verde

Objetivos de aprendizado

- Apresentar os utensílios do jogo de chá usados na preparação de chá verde no copo de vidro.
- Apresentar a finalidade do jogo de chá usado na preparação de chá verde no copo de vidro.

Conceito central

Utensílios usados na preparação de chá verde no copo de vidro: Copos de vidro, porta-copos, lata de chá, porta-chás, um grupo da arte chinesa do chá, uma chaleira elétrica instantânea, um prato para águas residuais, toalhas de chá e uma bandeja de chá.

Informações relacionadas

Os usos de vários jogos de chá na preparação de chá verde no copo de vidro são detalhados na Tabela 3.15.

Tabela 3.15 Usos do jogo de chá na preparação de chá verde no copo de vidro

Nomes	Descrição	Imagens
Copo de vidro	● Usado para preparar o chá verde, geralmente é usado um copo de vidro transparente sem estampa feito de vidro resistente ao calor, com capacidade de cerca de 180 ml.	
Suporte de copo	● Também conhecido como pires de chá, porta-copos de chá, é usado para proteger o vidro.	
Lata de chá	● Também conhecidos como recipientes de armazenamento de chá e armazéns de chá, usada para guardar e armazenar folhas de chá.	
Suporte de chá	● Usado para segurar e observar o chá seco.	

Nomes		Descrição	Imagens
Conjunto de Utensílios de Arte Chinesa do Chá	Conjunto de Utensílios de Arte Chinesa do Chá	● Também conhecido como os Seis Mestres da Arte Chinesa do Chá, consiste em seis peças, incluindo ferramentas de medição de chá, clipes de chá, colheres de chá, agulhas de chá, funis de chá e vasilha de chá. Geralmente são feitos de madeira, como sândalo, wenge, bambu e assim por diante.	
	Ferramenta de medição de chá	● Usado para medir o chá seco.	
	Pinça de chá	● Usado para pegar copos de chá.	
	Colher de chá	● Usado para extrair folhas de chá.	
	Agulha de chá	● Também conhecido como passe de chá, é usado para desentupir o bico.	
	Funil de chá	● Usado para expandir a entrada de água do bule.	
	Lata de chá	● Usado para guardar os utensílios.	
Chaleira elétrica instantânea		● Também conhecido como a chaleira de água fervente, usada para ferver a água. Atualmente, as chaleiras elétricas de aço inoxidável são usadas principalmente, e também há chaleiras feitas de argila roxa, cerâmica, vidro, metal e outros materiais.	
Prato para águas residuais		● Também conhecido como tigela de água, quadrado de água, lavagem de chá, lavagem de copo, é usado para armazenar águas residuais, resíduos e cascas de chá e outros diversos, e o copo de chá também pode ser colocada e lavada com água fervente.	

Nomes	Descrição	Imagens
Toalha de chá	● Usado para limpar jogo de chá, como limpar manchas de água e manchas de chá em jogo de chá ou mesas de chá, e também pode ser usado para apoiar o fundo do bule para evitar queimaduras nas mãos.	
Bandeja de chá	● Usado para segurar copo de vidro. Depois que as folhas de chá são preparadas, elas podem ser usadas para servir o chá aos convidados.	

Atividade do capítulo

A casa de chá recrutou recentemente um novo mestre de chá, e Xiaohong, um mestre de chá com muita experiência precisa explicar como se utiliza os utensílios ao novo funcionário.

As atividades didáticas são realizadas de acordo com a simulação situacional a seguir.

1. Condições da atividade

- Ambiente da casa de chá
- Preparar o jogo de chá

2. Organização da atividade

- Preparar as ferramentas conforme necessário.
- Grupo de 2 a 4 pessoas, conheça os nomes do jogo de chá e dos utensílios.
- Cada grupo deverá ter um inspetor para inspecionar os demais membros, cada item de acordo com o conteúdo do formulário de inspeção.
- Cada grupo seleciona a estrela de maior pontuação de identificação de utensílios de chá.
- Convidar 1 a 2 mestres de reconhecimento do jogo de chá a subir ao palco para apresentar os nomes e usos de cada jogo de chá.
- Resumir e fazer comentários sobre a atividade.

3. Segurança e precauções

- O jogo de chá não deve estar danificado.
- Durante a atividade, a chaleira instantânea deve ser mantida em um local onde não seja fácil esbarrar e a tomada do cabo de alimentação deve ser energizada com segurança.
- Encher a chaleira instantânea com a água até 70% para evitar que a água fervente transborde, queime o mestre ou cause um curto-circuito na placa de energia. Manter o bico voltado para dentro e não virar o bico na direção dos convidados.
- O equipamento de áudio deve operar normal e sem ruídos.
- Prestar atenção à aparência e comportamento.

4. Detalhes da atividade (consultar Tabela 3.16: Tabela de Atividade de Introdução à Preparação do Chá Verde no Copo de Vidro)

5. Avaliação (consultar Tabela 3.17: Tabela de Avaliação de Introdução à Preparação do Chá Verde no Copo de Vidro)

Tabela 3.16 Tabela de Atividade de Introdução à Preparação do Chá Verde no Copo de Vidro

Conteúdo	Descrição	Critério
Preparar o jogo de chá	● O jogo de chá está totalmente pronto.	● O jogo de chá preparado inclui: copos de vidro, porta-copos, bule de chá, porta-chás, grupo de arte chinesa do chá, chaleira elétrica instantânea, prato para águas residuais, panos de prato e bandeja de chá.
	● Colocar conforme necessário.	● O jogo de chá é colocado adequadamente.
Descrever o nome do jogo de chá	● Apresentar os nomes do jogo de chá.	● Copos de vidro, porta-copos, uma lata de chá, porta-chás, um grupo de arte chinesa do chá, uma chaleira elétrica instantânea, um prato para águas residuais, panos de prato e uma bandeja de chá.
Descrever o uso do jogo de chá	● Apresentar o uso do jogo de chá.	● Copos de vidro: geralmente é ideal optar por copos transparentes sem estampa, feitos de vidro resistente ao calor, com capacidade para cerca de 180 ml.
		● Porta-copos: também conhecido como pires de chá, suporte de copos, usados para proteger copos.
		● Lata de chá: também conhecido como dispositivo de armazenamento de chá e recipiente de chá, é usado para guardar e armazenar folhas de chá.
		● Suporte de chá: usado para segurar e observar o chá seco.
		● Grupo da arte chinesa do chá: também conhecido como os seis mestres da arte chinesa do chá e o grupo dos utensílios, que consiste em seis peças, incluindo ferramentas de medição de chá, clipes de chá, colheres de chá, agulhas de chá, funis de chá e tubos de chá. Entre eles, as ferramentas de medição de chá são usadas para medir o chá seco. Pinça de chá é usada para pegar os copos de chá. Colher de chá é usada para pegar folhas de chá. Agulha de chá (também conhecidas como orifícios de chá) é usada para desbloquear o bico. Funil de chá é usado para expandir a entrada de água do bule.
		● Chaleira elétrica instantânea: também conhecida como chaleira de água fervente, usada para ferver água. Atualmente, as chaleiras elétricas de aço inoxidável são mais comumente usadas, e também existem as de argila roxa, cerâmica, vidro, metal e outros materiais.
		● Prato de águas residuais: também conhecido como tigela de água, quadrado de água, lavagem de chá, lavagem de copo, usado para armazenar águas residuais usadas, resíduos de chá e cascas e outros, e também pode ser usado para limpar copos de chá.
		● Toalha de chá: é usada para limpar o jogo de chá, como as manchas de água e chá no jogo de chá ou na mesa de chá. Também pode ser usada para apoiar o fundo do bule para evitar queimaduras nas mãos.
		● Bandeja de serviço de chá: usada para segurar copos de vidro. Depois que as folhas de chá são preparadas, elas podem ser usadas para segurar o chá preparado e servi-lo aos convidados.
Arrumar e guardar o jogo de chá	● Limpar o jogo de chá e colocá-los em categorias.	● O jogo de chá é limpo, arrumado e organizado.

Tabela 3.17 Tabela de Avaliação de Introdução à Preparação do Chá Verde no Copo de Vidro

Mestre de chá:

Conteúdo		Critério	Respostas	
Nome do jogo de chá	Uso do jogo de chá		Sim	Não
Copo	Usado para preparar o chá verde.	A apresentação sobre o uso e a finalidade de copo é correta.		
Suporte de copo	Também conhecido como pires, porta-copos, usados para proteger o vidro.	A apresentação sobre o uso e a finalidade de suporte de copo é correta.		
Lata de chá	Também conhecida como dispositivo de armazenamento de chá e recipiente de chá, é usada para segurar e armazenar folhas de chá.	A apresentação sobre o uso e a finalidade de lata de chá é correta.		
Suporte de chá	Usado para segurar e observar chá seco.	A apresentação sobre o uso e a finalidade de suporte de chá é correta.		
Grupo de Arte Chinesa do Chá	Colher para a medição de chá	Usada para medir o chá seco.	A apresentação sobre o uso e a finalidade de colher de medição é correta.		
	Pinça de chá	Usada para pegar copos de chá.	A apresentação sobre o uso e a finalidade de pinça de chá é correta.		
	Colher de chá	Usada para extrair o chá.	A apresentação sobre o uso e a finalidade de colher de chá é correta.		
	Agulha de chá	Também conhecida como Chatong, é usada para desentupir o bico.	A apresentação sobre o uso e a finalidade de agulha de chá é correta.		
	Funil de chá	Usado para expandir a entrada de água do bule.	A apresentação sobre o uso e a finalidade de funil de chá é correta.		
	Porta-utensílios	Usado para guardar utensílios.	A apresentação sobre o uso e a finalidade de porta-utensílios é correta.		
Chaleira elétrica instantânea	Também conhecida como chaleira fervente, é usada para ferver água.	A apresentação sobre o uso e a finalidade de chaleira elétrica instantânea é correta.		
Prato de águas residuais	Também conhecido como tigela de água, quadrado de água, lavagem de chá, lavagem de copos, é usado para armazenar águas residuais usadas, resíduos e cascas de chá entre outros.	A apresentação sobre o uso e a finalidade de prato de águas residuais é correta.		

Conteúdo		Critério	Respostas	
Nome do jogo de chá	Uso do jogo de chá		Sim	Não
Toalha de chá	Usada para limpar o jogo de chá, como manchas de água e manchas de chá no jogo de chá ou na mesa de chá, e também pode ser usada para apoiar o fundo do bule para evitar queimaduras nas mãos.	A apresentação sobre o uso e a finalidade de toalha de chá é correta.		
Bandeja de chá	Usada para transportar os copos de vidro e, depois que o chá é preparado, pode ser usada para segurar o chá preparado e servi-lo aos convidados.	A apresentação sobre o uso e a finalidade de bandeja de chá é correta.		

Inspetor: Hora:

Perguntas e respostas

P: Por que um copo de vidro é a melhor escolha para preparar chá verde?

R: O copo de vidro dissipa o calor rapidamente, não tem tampa e não é fácil ferver as folhas de chá amarelas. O copo de vidro é transparente, o que é conveniente para ver a sopa de chá e as folhas verde esmeralda do chá verde. Além disso, ao preparar, você também pode observar a bela postura das folhas de chá flutuando sob o impacto da água.

P: Quais são os requisitos para um copo de vidro na preparação de chá verde?

R: De modo geral, o copo usado para preparar o chá verde deve: ①ser sem estampa; ②ser com fundo grosso, então não é quente quando o segurar; ③ser com a capacidade cerca de 180 ml; ④ser cilíndrico, por isso é conveniente colocar chá e beber sopa de chá.

P: Quando o mestre de chá Xiaohong estava organizando os utensílios para preparar o chá verde, acabou percebendo que estava faltando a bandeja para servir os convidados. Os convidados opinaram sobre isso. Por quê?

R: A bandeja de servir de chá é muito importante no jogo de chá ao preparar o chá verde. Ao preparar o chá, a bandeja de servir pode ser usada como um espaço independente para o preparo do chá para evitar que o chá derrame na mesa. Depois que o chá é preparado, a bandeja de servir pode ser usada como para servir o chá aos convidados, evitando que os convidados segurem diretamente no copo de chá quente.

Conhecendo um pouco mais

Vantagens do jogo de chá de vidro

O copo de vidro é um utensílio comum para a preparação do chá verde.

Há vários benefícios de jogo de vidro na preparação de chá. Primeiro, o jogo de chá de vidro dissipa o calor rapidamente, o que é propício para controlar a temperatura da água durante o preparo, para que o chá possa manter suas características originais de sabor. Segundo, o material do vidro não é tóxico, é feito de vidro resistente ao calor de borossilicato, que não contém substâncias tóxicas durante o processo de queima, então você não precisa se preocupar com produtos químicos ingeridos ao beber água ou outras bebidas. Terceiro, a superfície do vidro é lisa e fácil de limpar. Bactérias e sujeira não são fáceis de entrar e ficar dentro do copo. Quarto, usando um copo de vidro para preparar chá, a cor da sopa de chá, a aparência das folhas de chá e a flutuação das folhas de chá durante o processo de preparação estão todos de relance, especialmente ao preparar chá Yuhua ou Biluochun e outros chás verdes delicados, famosos e de alta qualidade.

De um modo geral, os copos de vidro são mais adequados para preparar chá verde ou chá amarelo. Vamos usar o famoso Hunan Yueyang Junshan Silver Needle como exemplo de chá amarelo para mostrar o método de preparação:

- Pré-aqueça o copo de chá de vidro com água fervente.
- Tire cerca de 3 gramas de Junshan Silver Needle da lata de chá com uma colher de chá e colocar em um copo de chá para imersão.
- Despeje água fervente de cerca de 75 graus no copo de chá, rapidamente em primeiro e lentamente a seguir, até que o copo esteja cheia com metade de copo de água, para que os botões de chá fiquem totalmente encharcados. Depois de um pouco tempo, coloque água novamente até cobrir 70% ou 80% do copo e cobra com uma lamínula de vidro.
- Após cerca de 5 minutos, remova a tampa de vidro. Neste momento, através de vidro, é possível ver que os botões de chá estão gradualmente encima, flutuando para cima e para baixo, e as pontas dos botões ficam cheias de bolhas brilhantes.

Objetivos de aprendizado

• Descrever as etapas do método de preparação de chá verde em copos de vidro.

• Os utensílios devem ser organizados de acordo com as especificações para o método de preparo do chá verde em copos de vidro.

Conceito central

Etapas de preparação de chá verde em copos de vidro: Refere-se à preparação de chá verde com um copo de vidro, incluindo a apresentação do jogo de chá, a preparação de acordo com os elementos específicos e o serviço de chá aos clientes.

HABILIDADE TÉCNICA 1
Prepararando e servindo o chá verde em copo de vidro

Informações relacionadas

As etapas de preparação de chá verde em copos de vidro são as seguintes:

● **Colocação do jogo de chá:** O infusor principal usado para preparar o chá verde é um copo de vidro. O uso deste jogo de chá não apenas pode dissipar a temperatura rapidamente, evitar que os delicados botões e folhas do chá verde sejam queimados e amarelados pela alta temperatura por muito tempo, mas também nos permite observar a cor verde da sopa de chá e o gesto elegante dos botões de chá se esticando gradualmente na água durante o processo de fermentação. No método de preparação de chá verde em copos, três copos são geralmente usados como o principal utensílio de preparação.

Passos de preparo e serviço de chá verde em copos de vidro

Colocação do jogo de chá antes da preparação

Colocação do jogo de chá durante a preparação

Colocação do jogo de chá depois da preparação

● **Apreciação do chá:** Antes da preparação, para os convidados apreciarem o chá verde de maneira completa e terem uma compreensão preliminar desde a aparência até a qualidade interna, deve convidar os clientes a apreciar a aparência e a cor do chá verde seco.

● **Aquecimento do jogo de chá:** Antes de preparar o chá, é necessário aquecer utensílios utilizados. É preciso limpar novamente para mostrar respeito aos convidados e também para aumentar a temperatura do copo a fim de estimular melhor o aroma do chá durante o preparo.

● **Colocação do chá:** As folhas de chá são colocadas no copo por três vezes, para que os clientes possam apreciar o gesto elegante dos botões de chá afundando lentamente no fundo do copo durante o processo.

● **Hidratação do chá:** O chá verde precisa ser aquecido em água morna antes da preparação, para que os botões de chá possam ser mais completamente infiltrados e a quantidade de lixiviação das substâncias contidas no chá possa ser aumentada.

● **Preparação do chá:** O método de lavagem de alta posição é usado para derramar água para a preparação, o que pode não apenas fazer com que a sopa de chá tenha um sabor uniforme, mas também fazer com que os botões de chá flutuem sob a agitação da água, criando uma bela concepção artística no copo.

● **Servindo o chá:** Após a preparação, deve-se servir o chá aos convidados o quanto antes, e dar uma instrução para orientar os convidados a tomarem o chá.

- **Degustação:** Sinta o aroma primeiro. Depois, aprecie a sopa de chá e as folhas de chá preparadas e, finalmente, prove a sopa do chá.
- **Guardando o jogo de chá:** Depois de preparar e beber, arrume a mesa de chá e limpe os utensílios de chá a tempo de evitar manchas.

As dicas para colocar os utensílios de vidro são as seguintes:

- **Antes de colocar o jogo de chá:** É necessário verificar se o jogo de chá está completo, limpo ou se está danificado. Prepare as folhas de chá e os utensílios de preparação de água, ajuste a temperatura da água e limpe a mesa de chá.
- **Quando se coloca o jogo de chá:** Preste atenção ao manuseio do jogo de chá com cuidado para evitar a colisão dos utensílios e ajuste a distância entre cada jogo de chá de acordo com as especificações operacionais para o individual, com o objetivo de evitar grande movimento ao pegar o jogo de chá durante a operação.
- **Depois que o jogo de chá é colocado:** Verifique novamente se o jogo de chá está completo e se a temperatura da água está adequada.

Atividade do capítulo

O mestre de chá Xiaofang recebeu a tarefa de descrever as etapas básicas da preparação de chá verde em copos de vidro colocados em um jogo de chá para os visitantes estrangeiros que são amantes de chá.

As atividades didáticas são realizadas de acordo com a simulação situacional a seguir.

1. Condições da atividade
- Ambiente da casa de chá
- Preparar folhas de chá verde
- Preparar o jogo de chá
- Preparar água quente

2. Organização da atividade
- Um grupo de duas pessoas prepara um conjunto de utensílios para a preparação de chá verde em copos de vidro.
- Um deles conta as etapas para fazer chá verde em copos de vidro, o outro faz a avaliação e depois trocam de papéis.
- Desmontem o jogo de chá, um deles organiza o jogo de acordo com as especificações, a outra pessoa faz a avaliação e depois trocam de papéis.
- Resumem e descrevam os requisitos detalhados.
- Selecionam-se aleatoriamente 1-2 pessoas para descrever as etapas de fazer chá verde em copos de vidro.
- Selecionam-se aleatoriamente 1-2 pessoas para arrumar o jogo de chá de acordo com as especificações.

3. Segurança e precauções
- O jogo de chá não deve ser danificado.
- As folhas de chá devem estar frescas e bem conservadas. Pegue as folhas de chá corretamente para evitar que as folhas de chá caiam e derramem.

• Durante a atividade, a chaleira instantânea deve ser mantida em um local onde não seja fácil esbarrar e a tomada do cabo de alimentação deve ser energizada com segurança.

• Encha a chaleira instantânea com a água até 70% para evitar que a água fervente transborde, queime o mestre ou cause um curto-circuito no quadro de energia. Mantenha o bico voltado para dentro e não vire o bico na direção dos convidados.

• Evite derramar chá ao servir os convidados e despejar a água cerca de 70% do copo ao servir o chá para evitar queimar os convidados.

• O equipamento de áudio está normal e sem ruídos.

• Preste atenção à aparência e comportamento.

4. Detalhes da atividade (consultar Tabela 3.18: Tabela de Atividade sobre a Preparação do Chá Verde em Copos de Vidro)

5. Avaliação (consultar Tabela 3.19: Tabela de Avaliação sobre a Avaliação de Chá Verde em Copos de Vidro; Tabela 3.20: Tabela de Avaliação sobre a Organização dos Utensílios ao Fazer Chá Verde em Copos de Vidro)

Tabela 3.18 Tabela de Atividade sobre a Preparação do Chá Verde em Copos de Vidro

Conteúdo	Descrição	Critério
Tocar música clássica chinesa	● Selecionar música clássica chinesa para tocar.	● A música selecionada é calma, com um ritmo suave, em sintonia com a atmosfera da cultura do chá.
Preparar o jogo de chá	● Preparar todos os utensílios utilizados na preparação chá verde em copos de vidro: copos de vidro, porta-copos, um bule de chá, porta-chás, um grupo de arte chinesa do chá, uma chaleira elétrica instantânea, um prato para águas residuais, panos de prato e uma bandeja de serviço de chá. ● Verificar se o jogo de chá está limpo e não danificado.	● O jogo de chá está pronto, sem omissão e sem repetição. ● O jogo de chá está limpo e não danificado. ● O jogo de chá é colocado de acordo com as especificações.
Aprensentar a temperatura da água na preparação	● Preparar a água.	● Prepare água pura ou água mineral como água de preparação.
	● A temperatura da água é determinada de acordo com o chá.	● De acordo com o produto do chá, apresente a temperatura da água de preparação.
Apresentar a preparação de chá verdo em copos de vidro	● Apresentar o método de fazer o chá de acordo com as etapas da operação: colocar o jogo de chá → apreciar o chá → aquecer o jogo de chá → colocar o chá → umedecer o chá → preparar o chá → servir o chá → degustar → guardar o jogo de chá.	● As etapas da preparação do chá verde estão completas e a descrição do processo é correta.
	● A introdução é combinada com um vídeo sobre a preparação de chá.	● A explicação é acompanhada com um vídeo.
Apresentar a maneira de beber chá verde	● Apresentar a maneira de tirar os copos.	● A descrição de como tirar o copo é correta.
	● Apresentar a maneira de beber chá verde em copos de vidro.	● O método de beber chá verde em copos de vidro é correto.

Tabela 3.19 Tabela de Avaliação sobre a Avaliação de Chá Verde em Copos de Vidro

Mestre de chá:

Etapas	Critério	Respostas	
		Sim	Não
Tocar música clássica chinesa	A música selecionada é tranquila.		
	A música corresponde à atmosfera da cultura do chá.		
Preparar o jogo de chá	O jogo de chá está pronto, sem omissão e sem repetição.		
	O jogo de chá precisa estar limpo.		
	O jogo de chá não está danificado.		
	O jogo de chá é colocado de acordo com as especificações.		
Apresentar a temperatura da água de preparação	Prepare água pura como água para preparação.		
	Descreva a temperatura da água de preparação.		
Descrever o método de fazer chá	Descreva as etapas completas de fazer o chá.		
	A descrição do processo é correta.		
	Explique com vídeo.		
Descrever a maneira de beber chá verde	A descrição de como tirar o copo é correta.		
	O método de beber chá verde em copos de vidro é correto.		

Inspetor: Hora:

Tabela 3.20 Tabela de Avaliação sobre a Organização dos Utensílios ao Fazer Chá Verde em Copos de Vidro

Mestre de chá:

Utensílios	Critério	Respostas	
		Sim	Não
Copos de vidro	Na bandeja de servir de chá, os três copos são colocados na diagonal.		
Porta-copos	Colocado sob o vidro para segurar o vidro.		
Lata de chá	Colocado à esquerda.		
Porta-chá	Dá-se ao meio da mesa de chá.		
Grupo de arte chinesa do chá	O conjunto completo é colocado à esquerda.		
Chaleira elétrica instantânea	Colocado à direita.		
	O bico fica voltado para o meio da mesa de chá.		
Prato para águas residuais	Colocado à direita.		
Panos de prato	Empilhados bem.		
Bandeja de chá	Colocado no centro da mesa de chá.		

Inspetor: Hora:

Perguntas e respostas

P: O que responder se um cliente perguntar como preparar chá verde utilizando copos de vidro?

R: As etapas para preparar o chá verde em copo de vidro são:

Colocar o jogo de chá → apreciar do chá → aquecer o jogo de chá → colocar o chá → umedecer o chá → preparar o chá → servir o chá → degustar → guardar o jogo de chá. Entre eles, é necessário preparar a água de temperatura adequada de acordo com a maciez das folhas de chá, e também é necessário prestar atenção à quantidade adequada de chá, e as folhas de chá são pesadas de acordo com a exigência da proporção de chá para água seja de 1:50.

P: Como podemos organizar uma mesa de chá simples e adequada para preparar chá verde?

R: Prepare o jogo de chá, limpe-o e coloque-o conforme necessário. Os utensílios de chá a serem utilizados são os seguintes: Três copos, um porta-copos, um prato para águas residuais, panos de prato, seis mestres da arte chinesa do chá, um bule de chá, porta-chás e chaleira elétrica instantânea. Além disso, também deve ser acompanhado de vasos de flores. Se a cor da mesa de chá estiver muito escura, você pode escolher uma toalha de mesa de cor clara.

P: Apresentando o processo de preparação do chá verde aos convidados, um convidado perguntou se era necessário lavar o chá antes de preparar o chá verde. Como o mestre de chá Xiaoya deve explicar?

R: Xiaoya deve explicar pacientemente aos convidados que, quando o chá verde é preparado, não é necessário lavar o chá e, estritamente falando, não existe "lavar chá" na arte do chá chinês. As pessoas estão acostumadas a enxaguar as folhas de chá uma vez antes da preparação, a fim de estimular melhor o aroma do chá e permitir que as folhas de chá se estiquem, para que a primeira xícara de chá que os convidados beberem não fique muito fraca por causa do coalho de folhas de chá. Ao preparar o chá verde, você não precisa umedecer o chá especialmente. Basta derramar uma pequena quantidade de água ao preparar. Depois de colocar o chá no bule, espere um momento, agite o copo e deixe os botões de chá de molho por um pouco tempo antes de continuar a adcionar água.

Conhecendo um pouco mais

Comentário sobre a arte de chá a respeito do chá West Lake Longjing

As etapas de preparo do chá West Lake Longjing em copos de vidro são: colocar o jogo de chá → apreciar o chá → aquecer o jogo de chá → colocar o chá → umedecer o chá → preparar o chá → servir o chá → degustar → guardar o jogo de chá.

O seguinte é o comentário usado pelos mestres do chá de acordo com o processo de fermentação ao preparar o chá West Lake Longjing com uma tigela com tampa.

- **Contexto.** Quando eu era criança, aprendi sobre Hangzhou West Lake com meus pais. Desde então, fiquei com muita curiosidade e saudade de West Lake, e imaginei ir a West Lake muitas vezes. Somente quando entrei no West Lake Garden em Hangzhou é que realmente apreciei a bela paisagem.

"A oeste de Jia Pavilion e ao norte de Lonely Hill,

Níveis de água do lago com o banco e as nuvens baixas.

Disputar por galhos ensolarados, trinado de orioles precoces;

Chutar lama primaveril, andorinhas recém-retornadas indo e vindo".

Aqui, vamos saborear esta bacia do West Lake Longjing nestas montanhas verdes e águas verdes. Por favor, aproveite *Tea City · A Beleza do Lago Oeste*.

● **Apreciar o chá.** Longjing Village está localizada perto do Lago Oeste em Hangzhou, por isso o nome de Longjing Tea. West Lake Longjing é de cor verde clara, plana e suave. "Perguntaria a Zizhan a fonte de Longjing, sentia-me que nasci meio perto do Zen."

● **Aquecer o jogo de chá.** A água do West Lake é clara e verde, como um pedaço de esmeralda. As ondas da água nas proximidades são suaves, e os barcos ficam dispersos na água. Esse sentimento de liberdade incomum é suficiente para fazer as pessoas se sentirem calmas e em paz.

● **Colocar o chá.** (West Lake Longjing) Este é o símbolo do West Lake, a perfeita cristalização de pessoas, natureza e cultura, e um importante portador da cultura regional do West Lake.

● **Umedecer o chá.** "As folhas de lótus ligadas ao céu são de um verde infinito; as flores de lótus são rosíssimas ao sol". Entre as folhas de lótus, várias flores de lótus em botões se erguem no lago, florescendo com sua elegância. A beleza do Lago Oeste de Hangzhou, assim como esta tigela de chá West Lake Longjing, mostra sua própria vitalidade e conta a história do chá Longjing em uma tigela pequena.

● **Preparar o chá.** Após ser estimulado, o chá exala sua fragrância única, e as folhas oscilam na água uma após a outra, como ondulações no lago, após isso, há um momento de tranquilidade. Há doçura no ar, com fragrância refinada, assim como esta tigela de West Lake Longjing em minhas mãos.

● **Servir o chá.** A sopa de chá é verde, clara e brilhante, o que me lembra os salgueiros-chorões refletidos no lago, verdes e frescos.

● **Provar o chá, guardar o jogo de chá.** "Gosto mais de passeios ao leste do lago sob o céu; A White Sand Causeway é sombreada por salgueiros verdes". Que reencontro maravilhoso seria se um dia eu tivesse a sorte de revisitar o antigo lugar. A estrada é longa. Vou deixar o chá me acompanhar por toda a minha vida, para encontrar o meu verdadeiro eu em todos os momentos.

Obrigado a todos.

HABILIDADE TÉCNICA 2

Apresentando a forma de preparo do chá verde em copo de vidro

Objetivos de aprendizado

- Usar a técnica de preparação de água "Three Nods of the Phoenix".
- Seguir corretamente as etapas do método de preparo do chá verde em copos de vidro.

Conceito central

Demonstrar o método de fazer chá verde em copos de vidro: De acordo com as etapas do método de fazer chá verde em copos de vidro, conclua a preparação do chá verde e preste atenção à padronização de maneiras e etiqueta do chá durante a atividade.

Informações relacionadas

No método de fazer chá verde em copos de vidro, quando o mestre do chá está derramando água, ela geralmente gira em torno da boca do copo para infundir água e derrama água de baixo para alto e repete três vezes o que é chamado de "três acenos", até que o copo esteja setenta por cento cheio, e o fluxo de água seja ininterrupto durante este processo. Este método de preparação de água é geralmente chamado de "Three Nods of Phoenix".

Consultar Tabela 1 para as instruções com técnicas específicas para preparação de água "Three Nods of Phoenix".

Tabela 3.21 Instruções para Técnicas da Preparação de Água "Three Nods of Phoenix"

Etapas principais	Padrão operacional	Imagens
A posição inicial da preparação de água	● A posição das 8 horas na superfície da beira do copo.	
Girar a direção da preparação de água	● Girar a água no sentido anti-horário para encher a água (segurar o bule com a mão direita).	

Etapas principais	Padrão operacional	Imagens
Três altos e baixos	● Segurar o bule para derramar água, os três altos e baixos são óbvios e o fluxo de água é ininterrupto.	
Quantidade de água	● 70% cheio do copo de vidro.	

Tabela 3.22 Padrão Operacional do Método de Preparação de Chá Verde em Copos de Vidro

Preparar e servir o chá		Padrão operacional
Etapas	**Imagens**	
Colocar o jogo de chá		● O jogo de chá está completo e bem organizado. ● O mestre do chá mantém uma postura adequada, com um ritmo leve, e ombros retos, contraindo o abdômen. ● O mestre do chá fica sorrindo e é amigável.
Apreciar o chá		● Retire as folhas de chá com uma colher de medição de chá e coloque o chá no suporte de chá. ● Pegue o suporte de chá com as duas mãos, sorrindo, os olhos seguindo suas mãos e convide os convidados para apreciação. ● Ao retirar o chá, as folhas de chá não ficam espalhadas na mesa de chá.
Aquecer o jogo de chá		● O bico da chaleira elétrica instantânea está para dentro ou para os lados, em vez de para os convidados. ● Ao operar, o movimento é suave. ● Ao adicionar água da posição alta, a água não transborda. ● O jogo de chá é limpo e sem manchas de chá e marcas de água.
Colocar o chá		● Infunda cerca de um terço de copo de água primeiro, e a temperatura da água é adequada. ● Coloque as folhas de chá no copo. Ao mexer o chá, as folhas de chá não ficam espalhadas na mesa. ● A quantidade de chá é geralmente cerca de 3 gramas por copo.

Preparar e servir o chá		Padrão operacional
Etapas	Imagens	
Umedecer o chá		● Agite o copo suavemente para absorver completamente as folhas de chá.
Fazer o chá		● Despeje a água no copo de baixo para cima.
		● A quantidade de água para ser enchida é cerca de 70% do copo de vidro.
		● O fluxo de água é suave e ininterrupto.
		● A quantidade de água infundida em cada copo de chá é uniforme.
Servir o chá		● Sirva o chá com as duas mãos, evitando tocar na beira do copo.
		● Execute a etiqueta de levantar as mãos.
		● Fale educadamente "por favor, aproveite seu chá".
Provar o chá		● Saboreie completamente a sopa de chá através de três etapas de olhar para a cor da sopa, cheire o aroma do chá e prove o sabor.
		● Preste atenção à temperatura para evitar queimaduras.
Guardar o jogo de chá		● Limpe a mesa de chá.
		● O jogo de chá é limpo e bem guardado.

Atividade do capítulo

A casa de chá está preparando uma confraternização para a degustação do chá de primavera, na qual exige que um mestre de chá prepare chá verde para os convidados e demonstre como fazer chá em uma xícara de chá verde.

As atividades didáticas são realizadas de acordo com a simulação situacional acima.

1. Condições da atividade

- Ambiente da casa de chá
- Chá verde
- Jogo de chá

- Água quente

2. Organização da atividade

- Dividir os alunos em grupos de 2 a 4 pessoas, e cada grupo fica com um conjunto de utensílios para fazer o chá verde.
- Os grupos se revezam para treinar a habilidade de deitar a água com o método de "Três Acenos de Fénix" e fazem a avaliação de acordo com a tabela de avaliação.
- Os grupos se revezam para praticar o método de preparo do chá verde e fazem a avaliação de acordo com a tabela de avaliação.
- Resumir e descrever detalhadamente os requisitos aprendidos.
- Selecionar aleatoriamente 1 a 2 membros com melhor desempemho para a demonstração da habilidade de deitar a água com o método de "Três Acenos de Fénix".
- Selecionar aleatoriamente 1 a 2 membros com melhor desempemho para a demonstração do método de preparação do chá verde.

3. Segurança e precauções

- O jogo de chá não deve estar danificado.
- As folhas de chá devem estar frescas e bem conservadas. Pegue as folhas de chá corretamente para evitar que as folhas de chá caiam e derramem.
- Durante a atividade, a chaleira instantânea deve ser colocada em um local onde não seja facilmente esbarrada e a tomada do cabo do carregador deve ser utilizada com segurança.
- Preencha apenas 70% da chaleira instantânea para evitar que a água fervente transborde, queime o mestre ou cause um curto-circuito no filtro de linha.
- Mantenha o bico da chaleira voltado para dentro e não o vire para a direção dos convidados.
- Evite derramar chá ao servir os convidados. Preencha apenas 70% do copo para não queimar os convidados.
- O equipamento de áudio deve estar em boas condições de funcionamento e sem ruídos.
- Verifique se a vestimenta e a aparência pessoal estão adequadas.

4. Detalhes da atividade (consultar Tabela 3.23: Tabela de Atividade para a Demonstração de Servir o Chá Verde em Copo de Vidro)

5. Avaliação (consultar Tabela 3.24: Tabela de Avaliação da Habilidade de Deitar a Água com o Método de "Três Acenos de Fénix"; Tabela 3.25: Tabela de Avaliação para a Demonstração de Servir o Chá Verde em Copo de Vidro)

Perguntas e respostas

P: Por que se verte a água com o método de "Três Acenos de Fénix" para preparar o chá verde?

R: Durante a preparação do chá verde, a chaleira deve ser levantada três vezes para cima e para baixo enquanto se verte a água no copo, para que a potência do fluxo de água possa ser usada para integrar totalmente o chá e a água. Este método de se verter a água é conhecido como "Três Acenos de Fénix", que representa um sinal auspicioso da chegada da fênix, e que representa também as regras da etiqueta tradicional da arte chinesa do chá. Além de sua conotação cultural, a técnica de "Três Acenos de Fénix" também é crucial para fazer uma boa xícara de chá verde. Por meio de fermentação repetida, o aroma do chá pode ser estimulado

Tabela 3.23 Tabela de Atividade para a Demonstração de Servir o Chá Verde em Copo de Vidro

Conteúdo	Descrição	Critério
Decorar o local	● Escolher uma mesa de chá e roupa de mesa.	● Escolher uma mesa ou roupa de mesa de cor clara.
	● Colocar plantas verdes ou flores.	● As plantas verdes são pequenas e elegantes.
Preparar folhas de chá e utensílios necessários	● Preparar utensílios necessários.	● Copo de vidro, pires, lata de chá, suporte para chá, conjunto de acessórios, chaleira elétrica instantânea, tigela de água, pano de limpeza e bandeja de serviço de chá.
	● Limpar os utensílios.	● Os utensílios não têm manchas aparentes.
	● Preparar folhas de chá.	● 3 gramas de folhas de chá por cada copo de vidro.
Preparar água quente	● Ferver a água.	● Ajustar a temperatura da água de acordo com as características das folhas de chá.
Praticar a habilidade de deitar a água com o método de "Três Acenos de Fénix"	● Praticar o método de deitar a água com um movimento sucessivo para cima e para baixo três vezes, assemelhando-se a três acenos de cabeça.	● Quando se verte a água, segure a chaleira inclinada e faça um movimento rotativo das mãos, seguindo o sentido contra-relógio e começando na posição das 8 horas da boca do copo. Faça ao mesmo tempo o movimento sucessivo para cima e para baixo três vezes, e mantenha o fluxo de água.
		● Os movimentos são suaves e contínuos.
Praticar o método de fazer o chá verde em copo de vidro	● Preparar os utensílios → observar as folhas de chá → aquecer os utensílios → deitar as folhas de chá no copo → molhar as folhas de chá → preparar o chá → servir o chá → beber o chá → organizar os utensílios.	● A aparência e os comportamentos do mestre de chá estão de acordo com os requisitos.
		● Os utensílios são colocados de acordo com o critério.
		● A demonstração é profissional.
		● As etapas de fazer o chá são todas corretas.
		● Os três fatores mais importantes para a preparação do chá verde são bem dominados.
Organizar os utensílios	● Limpar a área de trabalho e organizar os utensílios.	● O local de trabalho e os utensílios estão limpos e arrumados.

Tabela 3.24 Tabela de Avaliação da Habilidade de Deitar a Água com o Método de "Três Acenos de Fénix"

Mestre de chá:

Conteúdo	Critério	Respostas	
		Sim	Não
A posição inicial de se verter a água	Deite a água na posição das 8 horas da boca do copo.		
Seguir o sentido contra-relógio	Segure a chaleira com a mão direita e faça o movimento rotativo da mão seguindo o sentido contrarelógio para se verter a água.		
Três Acenos de Fénix	Faça o movimento sucessivo para cima e para baixo três vezes, e mantenha contínuo o fluxo de água.		
Volume de água	O volume padrão de água é de 70% do copo de vidro.		

Inspetor: Hora:

Tabela 3.25 Tabela de Avaliação para a Demonstração de Servir o Chá Verde em Copo de Vidro

Mestre de chá:

Conteúdo	Critério	Respostas	
		Sim	Não
Passar a música	Passar uma música clássica chinesa.		
Preparar os utensílios	Os utensílios de chá são colocados em uma posição adequada e a distância entre eles é adequada.		
Observar as folhas de chá	Pegar as folhas de chá verde da lata de chá e colocá-las no suporte para chá.		
	Segurar o suporte para chá com ambas as mãos e convidar os outros a observar a aparência das folhas de chá.		
Aquecer os utensílios	Lavar 3 copos com água quente.		
Pôr as folhas de chá no copo	Preencher 1/3 do copo com água quente.		
	Dividir as folhas de chá em 3 copos com uma colher de medição.		
	A quantidade de chá em cada copo é a mesma.		
Molhar as folhas de chá	Abanar o copo suavemente para mergulhar completamente as folhas de chá na água.		
Preparar o chá	Deitar a água com o método de "Três Acenos de Fénix".		
	O volume padrão de água é de 70% do copo de vidro.		
	Fazer o movimento sucessivo para cima e para baixo três vezes.		
	Manter contínuo o fluxo de água.		
	A quantidade do chá nos três copos é a mesma.		
Servir o chá	Servir o chá com ambas as mãos.		
	Fazer o gesto de "por favor" ao servir o chá.		
	Dizer educadamente "por favor, aproveite seu chá".		
Organizar os utensílios	Organizar os utensílios e o local de trabalho.		

Inspetor: Hora:

e as folhas de chá podem ser totalmente esticadas na água. Ao mesmo tempo, também pode criar uma bela imagem artística de folhas de chá flutuando para cima e para baixo na água.

P: A pedido dos convidados, a mestra de chá Xiaofang vai mostrar como fazer chá verde em copo de vidro. Quais são os detalhes que devem receber mais atenção?

R: Na demonstração do método de preparação do chá verde, o mestre de chá deve seguir rigorosamente os seguintes passos: preparar os utensílios, observar as folhas de chá, aquecer os utensílios, pôr as folhas de chá no copo, molhar as folhas de chá, preparar o chá, servir o chá, saborear o chá e organizar os utensílios. Durante todo o processo, é preciso prestar atenção à postura, às expressões faciais e ao uso de roupas típicas para o serviço de chá.

P: Quando a mestra de chá Xiaofei estava mostrando aos convidados como fazer chá verde em copo de vidro, o copo de repente estourou, e Xiaofei recebeu reclamações dos convidados. Por que isso aconteceu?

A: A maior razão para o estouro do copo é porque nele já havia pequenas rachaduras antes do uso, mas o mestre de chá não fez uma verificação cuidadosa ao preparar o jogo de chá, resultando consequentemente o acidente. O copo explodiu por causa do calor que recebeu de repente durante a preparação do chá. Portanto, é necessário que o mestre de chá verifique com cuidado todos os detalhes para garantir a qualidade do jogo de chá, especialmente os utensílios de vidro. Se houver uma rachadura neles, não importa quão pequena seja, é fácil acontecer um acidente durante o preparo.

Conhecendo um pouco mais

Três Maneiras de Preparar o Chá Verde em Copo de Vidro

As três maneiras de preparar o chá verde em copo de vidro são: pôr as folhas de chá depois de se verter a água, pôr as folhas de chá quando se verter a água e pôr as folhas de chá antes de se verter a água.

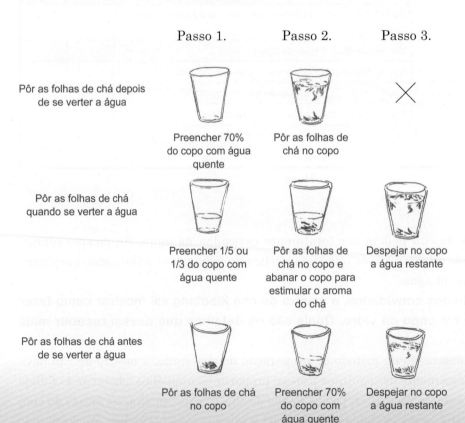

	Passo 1.	Passo 2.	Passo 3.
Pôr as folhas de chá depois de se verter a água	Preencher 70% do copo com água quente	Pôr as folhas de chá no copo	✕
Pôr as folhas de chá quando se verter a água	Preencher 1/5 ou 1/3 do copo com água quente	Pôr as folhas de chá no copo e abanar o copo para estimular o aroma do chá	Despejar no copo a água restante
Pôr as folhas de chá antes de se verter a água	Pôr as folhas de chá no copo	Preencher 70% do copo com água quente	Despejar no copo a água restante

4 Método de preparar o chá preto em tigela coberta

Conhecimentos-chave do capítulo:
Folhas do chá preto, sopa do chá preto e
preparação do chá preto.

坐酌泠泠水，看煎瑟瑟尘。

无由持一碗，寄与爱茶人。

——唐·白居易《山泉煎茶有怀》

Objetivos de aprendizado

- Descrever as respectivas características dos três tipos de chá preto.
- Mostrar aos convidados os diferentes tipos de chá preto e suas características.

Conceito central

Chá preto: O chá preto pertence ao chá completamente fermentado, que é feito através de murchar, rolar, fermentar e secar as folhas frescas das árvores de chá. Tem um sabor doce e suave, e sua característica principal é conhecida como "sopa e folhas vermelhas". A produção do chá preto ocupa o 1º lugar no mundo dentre os vários tipos de chá. Atualmente, é o chá mais consumido e popular no mundo.

Parte 1

APRENDENDO SOBRE O CHÁ PRETO

HABILIDADE TÉCNICA 1
Descrevendo os tipos de chá preto

Informações relacionadas

O chá preto tem uma rica variedade de espécies e áreas produtoras. É a preferência dos consumidores ao redor do mundo. A Índia, a China, o Quênia e o Sri Lanka são os quatro maiores países produtores do chá preto no mundo. O chá preto chinês é produzido principalmente em Fujian, Anhui, Guangdong, Yunnan e Jiangxi, entre outras províncias. Além disso, o chá Zhengshan Xiaozhong de Fujian é o primeiro chá preto na história.

Diferentes tipos de chá preto chinês

O chá preto chinês é dividido em três tipos: chá preto Xiaozhong, chá preto Gongfu e chá preto moído. As variedades mais representativas do chá preto são: Assam, Zhengshan Xiaozhong, Jinjunmei, Qimen, Dianhong, Yinghong Nº 9, Gongfu de Fujian (Zhenghe Gongfu, Tanyang Gongfu e Bailin Gongfu), e assim por diante, como apresentados na Tabela 4.1.

Características dos três tipos de chá preto

O chá preto Xiaozhong é uma especialidade de Fujian, que é defumado e assado em fogo de madeira de pinho. Esta forma de produção tem a história de mais de 400 anos e deu a origem do primeiro chá preto do mundo—Zhengshan Xiaozhong, que é produzido no Monte Wuyi da província de Fujian e é considerado a melhor

Tabela 4.1 Principais Variedades Representativas do Chá Preto

Nome	Imagens	Nome	Imagens
Zhengshan Xiaozhong		Yinghong Nº9	
Jinjunmei		Zhenghe Gongfu	
Qimen		Chá moído de Yingde	

espécie do chá preto Xiaozhong. Além de Zhengshan Xiaozhong, o chá preto Xiaozhong inclui também o Waishan Xiaozhong e o Yan Xiaozhong, produzidos em outras áreas. As folhas de Zhengshan Xiaozhong são finas, apertadas e vistosas pela sua cor escura. A sopa de chá é vermelha, possui um sabor fumado, doce e um aroma de longan.

O chá preto Gongfu desenvolveu o processamento do chá preto Xiaozhong, mas não é preciso ser defumado em sua secagem. Por ser trabalhoso, o nome do chá foi escolhido para fazer referência ao seu processo de produção. O chá preto Gongfu precisa ser refinado e demora muito tempo para ficar pronto, e assim, seu nome reflete a maestria requerida para sua produção. Atualmente, a maior parte do chá preto na China é o chá preto Gongfu, como Qimen Gongfu, Minhong Gongfu, Ninghong Gongfu, e assim por diante. As folhas do chá preto Gongfu são finas, apertadas, uniformes e regulares, com a cor marrom escura. Sua sopa de chá é cor-de-laranja e translúcida, tem um sabor ricamente doce.

O chá preto moído se refere ao chá preto feito pelo processo de laminação e corte, incluindo chá em folhas, chá moído, chá em pedaços e chá em pó. O chá preto moído é a espécie com maior volume de comércio no mercado internacional de chá. É produzido não apenas em Yunnan, Guangdong, Guangxi e Hainan da China, mas também na Índia, no Sri Lanka e no Quênia. A produção total nas áreas acima referidas é responsável por mais da metade da produção mundial. A forma do chá preto moído é fina e quebrada. Sua sopa de chá é vermelha, tem um aroma duradouro, além de um sabor rico, forte e fresco.

● Chá em folhas: As folhas são curtas, se veem às vezes pontas douradas.

- Chá moído: É o principal produto dentre as quatros formas do chá preto moído.
- Chá em pedaços: Os pedaços são pequenos, não têm um sabor tão forte como o chá moído.
- Chá em pó: O pó é fino, cujo sabor é rico, forte e é fácil de ser libertado na água.

Atividade do capítulo

A casa de chá planeja fazer uma festa de degustação do chá preto. A mestra de chá Xiaoya é responsável por apresentar o chá preto para os convidados e precisa preparar cuidadosamente as informações relacionadas.

As atividades didáticas são realizadas de acordo com a simulação situacional acima.

1. Condições da atividade
- Ambiente da casa de chá
- Três tipos de chá preto
- Jogo de chá

2. Organização da atividade
- Dividir os alunos em grupos de três ou quatro pessoas, para desempenharem os papéis de mestre de chá, inspetor e convidado, respectivamente.
- Com exceção de um inspetor, os membros da equipe se revezam no papel de mestre de chá, tirando folhas de chá e apresentando esse tipo de chá.
- Resumir e selecionar os membros com melhor desempenho de cada grupo.
- Selecionar aleatoriamente um ou dois melhores membros para apresentar o chá preto.

3. Segurança e precauções
- O jogo de chá não deve estar danificado.
- As folhas de chá devem estar frescas e bem conservadas. Pegue as folhas de chá corretamente para evitar que as folhas de chá caiam e derramem.
- Durante a atividade, coloque a chaleira instantânea em um local onde não seja facilmente esbarrada e a tomada do cabo do carregador deve ser utilizada com segurança.
- Preencha apenas 70% da chaleira instantânea para evitar que a água fervente transborde, queime o mestre ou cause um curto-circuito no filtro de linha.
- Mantenha o bico da chaleira voltado para dentro e não o vire para a direção dos convidados.
- Evite derramar chá ao servir os convidados. Preencha apenas 70% do copo para não queimar os convidados.
- O equipamento de áudio deve estar em boas condições de funcionamento e sem ruídos.
- Verifique se a vestimenta e a aparência pessoal estão adequadas.

4. Detalhes da atividade (consultar Tabela 4.2: Tabela de Atividade para a Apresentação do Chá Preto)

5. Avaliação (consultar Tabela 4.3: Tabela de Avaliação para a Apresentação do Chá Preto)

Tabela 4.2 Tabela de Atividade para a Apresentação do Chá Preto

Conteúdo	Descrição	Critério
Preparar folhas de chá	● Pegue uma quantidade apropriada dos três tipos de chá preto e coloque as folhas de chá nos suportes para chá.	● Os suportes para chá são do mesmo estilo, os nomes de chá são marcados com rótulos claros.
Apresentar os nomes dos três tipos de chá	● Apresente os nomes dos três tipos de chá preto e explique o passo mais importante para a sua produção.	● Chá preto Xiaozhong: Defumado. ● Chá preto Gongfu: Refinado. ● Chá preto moído: Rolado.
Apresentar as características de aparência dos três tipos de chá	● De acordo com sua forma de produção, descreva as características de aparência dos três tipos de chá preto.	● Chá preto Xiaozhong: As folhas são finas e apertadas. ● Chá preto Gongfu: As folhas são finas, apertadas, uniformes e regulares. ● Chá preto moído: As folhas são finas e são quebradas em pedaços.
Preparar chá em uma xícara e convidar os outros a provar a sopa de chá	● A temperatura da água é de 90ºC. ● A quantidade de folhas de chá é de 3 gramas. ● A sopa de chá estará pronta em 10 segundos depois de se verter a água.	● Durante a preparação, a temperatura da água, a quantidade de folhas de chá e o tempo de infusão devem ser estritamente controlados de acordo com os requisitos.
Apresentar as características de sopa dos três tipos de chá	● Convidar os convidados a observar a diferença na cor da sopa. ● Convidar os convidados a sentir a diferença no sabor.	● Chá preto Xiaozhong: A sopa de chá é vermelha, com um aroma fumado, e um sabor de longan. ● Chá preto Gongfu: A sopa de chá é cor-de-laranja e translúcida, com um sabor ricamente doce. ● Chá preto moído: A sopa de chá é vermelha, com um aroma duradouro, e um sabor rico, forte e fresco.

Tabela 4.3 Tabela de Avaliação para a Apresentação do Chá Preto

Mestre de chá:

Conteúdo	Critério	Respostas	
		Sim	Não
Preparação de folhas de chá	O número de suportes para chá é suficiente.		
	Prestar atenção à higiene ao tirar folhas de chá.		
	Os nomes de chá estão escritos correta e claramente.		
Preparação de chá	Prestar atenção à higiene.		
	A preparação é feita de acordo com os requisitos.		
	Prestar atenção ao uso seguro de água e eletricidade.		
Exatidão do conteúdo de apresentação	As características dos três tipos de chá preto são apresentadas de forma correta.		
	O passo mais importante para a produção dos três tipos de chá preto é claramente explicado.		
Expressão oral	A fala é fluente, concisa e precisa.		
	A cara está sorrindo.		

Inspetor: Hora:

Perguntas e respostas

P: Quando se realiza uma festa de degustação do chá preto, como é que o mestre de chá deve apresentar o chá preto aos convidados?

R: O chá preto é um chá completamente fermentado e é feito através dos processos de murchamento, rolagem, fermentação e secagem. De acordo com as etapas de sua produção, pode ser dividido em chá preto Xiaozhong, chá preto Gongfu e chá preto moído.

P: A Associação de Chá Chinês realizará um evento para celebrar o Dia Internacional do Chá, no dia 21 de maio. Neste dia, convidados de diversos países estarão presentes para a degustação de chá. Como deve apresentar as características do chá Zhengshan Xiaozhong aos convidados?

R: Como todos sabem, a Índia, a China, o Quênia e o Sri Lanka são os quatro maiores produtores de chá preto no mundo. Entre eles, o Zhengshan Xiaozhong, produzido em Fujian da China, é o primeiro chá preto. As folhas dele são apertadas, finas e vistosas por sua cor escura. Após a fermentação, tem uma sopa de chá vermelha alaranjada, um aroma fumado de pinho e um sabor suave de longan.

P: Quando a mestra de chá Xiaoya apresentou as características do chá preto aos convidados, ela explicou: "Este chá, que tem uma forma apertada e esbelta, uma cor escura e brilhante, é chamado de chá preto. É um chá completamente fermentado". Os convidados perguntaram curiosos: "O chá preto não é preto, então por que é chamado de chá preto na China?"

R: Xiaoya deve explicar aos convidados que como o chá preto é totalmente fermentado, a sopa do chá sai vermelha após o preparo. Mas como a cor da folha de chá é preta, as pessoas o chamam de chá preto. Por exemplo, em inglês, apesar de o chá pronto para consumo ser vermelho, o nome da folha em si é "Black Tea".

Conhecendo um pouco mais

Os três chás pretos mais aromáticos do mundo

O chá preto Qimen da China, o chá preto Darjeeling da Índia e o chá Uva do Ceilão do Sri Lanka são conhecidos como os três chás pretos mais aromáticos do mundo.

● **O chá preto Qimen** é um dos melhores chás pretos historicamente famosos na China. Como uma espécie do chá preto Gongfu, que é produzido na província Anhui da China, Qimen foi sempre conhecido como "Rainha do Chá Preto". De acordo com registros históricos, em 1876, Qimen foi produzido com sucesso com base na produção do chá preto Zhengshan Xiaozhong e, depois disso, as espécies de chá preto Gongfu se tornaram cada vez mais variosas. O chá preto Qimen é rico em substâncias aromáticas, caraterizado por seu aroma único de rosa e de mel, que encanta a família real britânica. No mercado internacional, este aroma é chamado de "fragrância Qimen".

● **O chá preto Darjeeling** é produzido no planalto de Darjeeling, no Himalaia indiano, e ganha a fama de "Champanhe do Chá Preto". O chá de alta qualidade de Darjeeling tem aroma de uva, cor de sopa laranja brilhante, fragrância forte e elegante, além de um sabor delicado. De acordo com as diferentes épocas de colheita, o chá preto Darjeeling tem aroma e sabor próprios, que é melhor ser apreciado sem nenhum tempero ou acompanhamento. A produção do chá preto Darjeeling é relativamente baixa, representando apenas dois por cento da produção total de chá na Índia.

● **O chá Uva do Ceilão**, produzido no Sri Lanka, é um dos melhores chás pretos no mundo, e é conhecido como um "presente ao mundo". O chá Uva do Ceilão é feito principalmente de chá preto moído. Sua cor de sopa é laranja e vermelha brilhante. O chá de alta qualidade do Ceilão tem uma margem dourada na folha, um aroma de flores e um pouco de amargo. É possível que se produza o chá Uva do Ceilão em todas as estações do ano.

Objetivos de aprendizado

- Descrever as formas mais comuns do chá preto.
- Descrever as cores mais comuns do chá preto.

Conceito central

Fatores que afetam a forma das folhas de chá: As folhas de chá têm diversas formas. Sua forma é principalmente influenciada pelo processo de produção, pela espécie da árvore de chá e pela forma de colheita, entre outros fatores. Na produção do chá preto, os passos de rolar e cortar são os mais importantes que configuram a forma das folhas de chá. As principais formas do chá preto incluem: 1) em forma de corda, 2) em forma de agulha, 3) torcida, 4) em forma de espiral, 5) granulada, e 6) em pó.

HABILIDADE TÉCNICA 2
Descrevendo a aparência do chá preto

Informações relacionadas

A aparência do chá preto inclui principalmente dois aspectos: a forma e a cor. As características das formas mais comuns do chá preto são apresentadas na Tabela 4.4.
As características das cores mais comuns do chá preto são apresentadas na Tabela 4.5.

Atividade do capítulo

A casa de chá fará um concurso de identificação de chá. A pessoa que identifica e descreve corretamente a forma e a cor das folhas de chá será o VIP da casa de chá e terá um desconto de 12% na compra de produtos de chá.
As atividades didáticas serão realizadas de acordo com a simulação situacional acima.

1. Condições da atividade
- Ambiente da casa de chá
- Quatro tipos de chá preto
- Jogo de chá

2. Organização da atividade
- Dividir os alunos em grupos de três ou quatro pessoas para desempenharem os papéis

Tabela 4.4 Formas Comuns do Chá Preto

Formas	Características	Imagens
Em forma de corda	● As folhas são apertadas e em forma de corda, que é uma forma comum do chá preto, tais como chá preto de Yunnan, chá preto de Fujian e chá preto Yinghong, entre outros chás pretos Gongfu.	
Em forma de agulha	● As folhas são retas e finas, tendo a forma de "agulha", tais como o chá preto de agulha dourada de Yunnan.	
Em forma de espiral	● As folhas são enroladas em forma de espiral, cobertas com uma superfície dourada, tais como o chá espiral de Qimen.	
Em forma granular	● Os grânulos são sólidos, com formas regulares e uniformes. A cor dos grânulos é normalmente preta. O chá preto granular precisa ser feito por três processos especiais, a saber, o esmagamento, a rasgadura e a rolagem. É comumente visto em saquinhos de chá, e o chá preto granular é usado principalmente na produção de chá com especiarias.	

Tabela 4.5 Cores Comuns do Chá Preto

Cores	Características	Imagens
Dourada	● Toda a superfície da folha é dourada.	
Levemente dourada	● Apenas a ponta da folha é levemente dourada.	
Três cores mistas (dourada, amarela e preta)	● As folhas não são da mesma cor, algumas douradas e outras amarelas ou pretas.	
Preta brilhante	● As folhas são pretas e brilhantes.	

de mestre de chá, participante e inspetor, respectivamente.

● Selecionar representantes de cada grupo para participar da competição de identificação de chá. De acordo com as palavras selecionadas de forma sorteada, o participante escolhe as respetivas folhas de chá, dentre os quatro tipos de chá.

● Resumir e selecionar os participantes com o melhor desempenho na atividade.

● Dar prêmios aos participantes.

3. Segurança e precauções

● As folhas de chá devem estar frescas e bem conservadas.

● Pegue cuidadosamente as folhas de chá para elas não caírem ou derramarem.

4. Detalhes da atividade (consultar Tabela 4.6: Tabela de Atividade para Descrever a Aparência do Chá Preto)

5. Avaliação (consultar Tabela 4.7: Tabela de Avaliação para Descrever a Aparência do Chá Preto)

Tabela 4.6 Tabela de Atividade para Descrever a Aparência do Chá Preto

Conteúdo	Descrição	Critério
Tirar folhas de chá	● Tire uma quantidade adequada de folhas de chá e coloque-as nos suportes para chá, marcados pelos números de série.	● Os suportes para chá são do mesmo estilo, e os números são marcados com rótulos claros.
Preparar papel de etiqueta e escrever palavras que descrevam a forma e a cor do chá preto	● Escreva uma palavra em cada folha de etiqueta.	● Cores: Dourada, levemente dourada, três cores mistas (dourada, amarela e preta) e preta brilhante.
		● Formas: Em forma de corda, de agulha, de espiral e granular.
Identificar a forma e a cor do chá preto	● Coloque o rótulo correspondente nas folhas de chá.	● Os rótulos são colocados na posição correta, de acordo com a cor e a forma das folhas de chá.
Selecionar o melhor grupo	● Selecione o grupo com o melhor desempenho.	● Selecione o grupo com o melhor desempenho.

Tabela 4.7 Tabela de Avaliação para Descrever a Aparência do Chá Preto

Mestre de chá:

Conteúdo	Critério	Respostas	
		Sim	Não
Preparação de folhas de chá	O número de suportes para chá é suficiente.		
	Prestar atenção à higiene ao pegar folhas de chá.		
	A etiqueta está escrita correta e claramente.		
Processo de identificação	Observar atentamente a aparência do chá.		
	Ficar ao lado positivo do sol para não bloquear a luz.		

Inspetor: Hora:

Perguntas e respostas

P: Como apresentar aos convidados as características do chá preto Qimen, um dos dez chás mais famosos da China?

R: O chá preto Qimen é produzido no condado de Qimen, da cidade de Huangshan, da província de Anhui. A matéria-prima é selecionada das árvores de chá da espécie Qimen, que possui folhas do tamanho médio e tempo de germinação moderado. O chá preto Qimen tem a melhor qualidade e tem a fama de "rainha do chá preto" e "o chá mais perfumado". É um dos três principais chás pretos do mundo. A forma do chá preto Qimen é apertada e esbelta, de cor escura e tem uma fragrância alta com aroma de mel. Tem um sabor fresco, doce e suave. A sopa de chá é vermelha e vistosa, as folhas mergulhadas ná água são todas vermelhas e brilhantes.

P: Como apresentar aos convidados a aparência e as características de Zhengshan Xiaozhong, o primeiro chá preto do mundo?

R: O primeiro chá preto do mundo, Zhengshan Xiaozhong, é produzido no Monte Wuyi, na província de Fujian, e tem uma história de mais de 400 anos. Suas folhas são apertadas, que possuem uma cor marrom escura.

P: O cliente reclamou que a sopa de chá preto ficou turva quando estava fria. Será que as folhas de chá estão com pó?

R: A turbidez da sopa de chá após o resfriamento não é por causa da poeira, mas é um fenómeno chamado de "turbidez após o resfriamento". Isto é, quando a sopa de chá fica fria, se vê a turbidez leitosa marrom clara ou laranja. Por que isso acontece? Nas folhas de chá não processadas, a maioria dos polifenóis do chá existe na forma de catequinas. Durante a produção do chá preto, muitas catequinas serão convertidas em luteína, cuja dissolução é mais afetada pela temperatura. Em alta temperatura, a luteína ainda pode ficar bem na sopa de chá. Quando a temperatura diminui (abaixo de 40 graus), a catequina e a luteína começam a amarrar. Quanto menor a temperatura, mais flocos, parece que a sopa de chá se torna turva. Esta é a causa do fenómeno de "turbidez após o resfriamento".

O fenómeno de "turbidez após o resfriamento" também está relacionado à quantidade de luteína. Quanto maior o teor de luteína em um chá preto, há a maior probabilidade de aparecer esse fenómeno. Em certo sentido, quanto maior o teor de luteína, é mais forte o sabor do chá preto, mais brilhante a sopa de chá e melhor a qualidade do chá preto. Portanto, o fenómeno de "turbidez após o resfriamento" não significa que a sopa de chá preto tenha resíduos de agrotóxicos ou as folhas de chá estejam sujas. Muito pelo contrário, é a prova da boa qualidade do chá preto, pois esse fenómeno é o sinal de um chá preto bom.

Conhecendo um pouco mais

O chá preto mais antigo da história

Diz a lenda que no segundo ano de Longqing, na dinastia Ming (1568 d.C.), havia uma situação turbulenta na região de Tongmu –– local onde pessoas de diferentes lugares poderiam entrar em Fujian. Assim, Tongmu foi invadido por tropas de vez em quando. Certa vez, um exército de Jiangxi entrou em Fujian, passando por Tongmu e ocupando uma oficina de chá local. A fim de escapar da guerra, os produtores de chá fugiram para as montanhas. Durante esse período, as folhas de chá a serem feitas na oficina estavam demasiado fermentadas por não serem secas com fogo de carvão a tempo, resultando em uma mudança da cor do chá. Depois de o exército sair de Tongmu, os produtores de chá usaram madeira de pinho para aquecer e secar essas folhas de chá, a fim de recuperar as perdas. Inesperadamente, se formou uma nova variedade de chá com forte fragrância de pinho e sabor de longan. Daí nasceu o chá preto mais antigo da história, chamado de Zhengshan Xiaozhong.

HABILIDADE TÉCNICA 3

Descrevendo os benefícios do chá preto

Objetivos de aprendizado

- Descrever os benefícios do chá preto para a saúde.
- Recomendar um chá preto adequado ao cliente conforme seus benefícios à saúde.

Conceito central

Os elementos de saúde no chá preto: Os elementos químicos no chá preto que oferecem muitos benefícios à saúde incluem principalmente polifenóis do chá, cafeína, aminoácidos e vitaminas, etc. O chá preto é completamente fermentado. Após a fermentação oxidativa, o chá fica mais suave. É bom para aquecer e nutrir o estômago, eliminar vírus e bactérias, melhorar a imunidade, aumentar a resistência vascular, dilatar os vasos sanguíneos, prevenir doenças cardiovasculares, regular a pressão arterial e diminuir a frequência cardíaca, etc.

Informações relacionadas

O chá preto é completamente fermentado, por isso os polifenóis do chá podem converter em várias substâncias, e desta forma têm menos irritação no estômago humano. Na teoria da medicina tradicional chinesa, o chá preto é quente e é bom para pessoas que têm frio no estômago. Além disso, os polifenóis poliméricos que se formam durante a oxidação do chá preto, como luteínas e arubiginas, além de terem um forte efeito de oxidação antilipídica, podem melhorar a microcirculação, inibir a adesão e agregação plaquetária, prevenindo assim doenças cardiovasculares, e também podem promover a digestão humana, de modo a desempenhar um papel importante na proteção do estômago. Além disso, outros elementos no chá preto, como a proteína e os carboidratos, não só têm as funções de relaxar os vasos sanguíneos, aumentar a resistência dos vasos sanguíneos e dilatar os vasos sanguíneos, diminuindo assim a frequência cardíaca e regulando a pressão arterial, mas também podem melhorar a aptidão do corpo humano e aquecer o estômago. Os elementos químicos no chá preto que oferecem benefícios à saúde são apresentados na Tabela 4.8.

Tabela 4.8 Principais Elementos Químicos no Chá Preto e Seus Benefícios à Saúde

Elementos químicos	Benefícios à saúde
Polifenóis do chá	● Têm efeitos antibacteriano e anti-inflamatório, e ajudam a melhorar a imunidade.
Luteínas e arubiginas	● Melhoram a resistência vascular, dilatam os vasos sanguíneos e previnem doenças cardiovasculares.
Polissacarídeos de chá	● Relaxam os vasos sanguíneos, diminuem a frequência cardíaca e regulam a pressão arterial.

Sopa de chá preto

Atividade do capítulo

A casa de chá está prestes a organizar um evento de degustação do chá quente no inverno. A mestra de chá Xiaoya precisa apresentar aos convidados os benefícios do chá preto para a saúde.

As atividades didáticas serão realizadas de acordo com a simulação situacional acima.

1. Condições da atividade

- Ambiente da casa de chá
- Três tipos de chá preto
- Jogo de chá

2. Organização da atividade

- Dividir os alunos em grupos de quatro pessoas, sendo uma delas o mestre de chá e as outras os convidados.
- O mestre de chá prepara o chá preto em xícaras e convida os outros para prová-lo.
- O mestre de chá apresenta aos convidados os benefícios do chá preto para a saúde.
- Os convidados avaliam a explicação do mestre de chá.

3. Segurança e precauções

- O jogo de chá não deve estar danificado.
- As folhas de chá devem estar frescas e bem conservadas. Pegue cuidadosamente as folhas de chá para elas não caírem ou derramarem.
- Durante a atividade, a chaleira instantânea deve ser colocada em um local onde não seja facilmente esbarrada e a tomada do cabo do carregador deve ser utilizada com segurança.
- Preencha apenas 70% da chaleira instantânea para evitar que a água fervente transborde, queime o mestre ou cause um curto-circuito no filtro de linha.
- Mantenha o bico da chaleira voltado para dentro e não o vire para a direção dos convidados.
- Evite derramar chá ao servir os convidados. Preencha apenas 70% do copo para não queimar os convidados.
- O equipamento de áudio deve estar em boas condições de funcionamento e sem ruídos.

- Verifique se a vestimenta e a aparência pessoal estão adequadas.

4. Detalhes da atividade (consultar tabela 4.9: Tabela de Atividade de Apresentação dos Benefícios do Chá Preto para a Saúde)

5. Avaliação (consultar Tabela 4.10: Tabela de Avaliação de Apresentação dos Benefícios do Chá Preto para a Saúde)

Tabela 4.9 Tabela de Atividade de Apresentação dos Benefícios do Chá Preto para a Saúde

Conteúdo	Descrição	Critério
Preparar folhas de chá	● Pegar uma quantidade adequada de de folhas de chá.	● As folhas de chá são tiradas de forma higiênica.
		● As folhas de chá são frescas e bem conservadas.
Fazer chá preto	● Preparar o chá na chaleira. ● Dividir o chá em xícaras. ● Convidar os outros para prová-lo.	● O chá é dividido em mesma proporção para cada xícara.
		● Todos são convidados para provar o chá.
Apresentar os benefícios do chá preto para a saúde	● Apresentar as características das folhas de chá.	● Apresentar as características da aparência do chá.
		● As características da aparência do chá são apresentadas de forma correta.
	● Apresentar os benefícios do chá para a saúde.	● Os principais elementos químicos no chá preto são apresentados de forma correta.
		● Os benefícios do chá para a saúde são apresentados de forma correta.

Tabela 4.10 Tabela de Avaliação de Apresentação dos Benefícios do Chá Preto para a Saúde

Mestre de chá:

Conteúdo	Critério	Respostas	
		Sim	Não
Forma de pegar folhas de chá	As folhas de chá são tiradas de forma higiênica.		
	As folhas de chá são frescas e bem conservadas.		
Apresentação da aparência do chá	A expressão oral é concisa.		
	As características da aparência do chá são descritas corretamente.		
Apresentação dos benefícios do chá preto para a saúde	Os principais elementos químicos no chá preto são descritos corretamente.		
	Os benefícios do chá preto para a saúde são descritos corretamente.		

Inspetor: Hora:

Perguntas e respostas

P: Para quem é mais favorável beber o chá preto?

R: O chá preto é completamente fermentado, e é de natureza quente. Pode ajudar o corpo humano a gerar mais calor e aquecer o estômago. Portanto, é mais favorável para mulheres e é especialmente favorável para pessoas com deficiência e frio no estômago.

P: Quais são os principais benefícios do chá preto para a saúde?

R: Os principais benefícios do chá preto para a saúde são: aquecer e nutrir o estômago, eliminar vírus e bactérias, melhorar a imunidade, aumentar a resistência dos vasos sanguíneos, dilatar os vasos sanguíneos, prevenir doenças cardiovasculares, desacelerar o ritmo cardíaco e regular a pressão arterial.

P: Um cliente que ama beber chá comprou chá preto na casa de chá. O chá foi feito na hora. Depois de o beber por dois dias, o cliente disse à mestra de chá Xiaoya que estava com um calor excessivo no interior do corpo. Qual é a razão? E como Xiaoya deve explicar esse problema? (O calor no interior do corpo é um conceito na medicina tradicional chinesa. Normalmente as pessoas com um calor excessivo ficariam facilmente com inflamações, dor de garganta, dor de dente e acnes, etc.)

R: Xiaoya pode explicar ao cliente a partir dos seguintes dois aspectos: a forma de produção do chá preto e o organismo da pessoa que bebe o chá. O chá preto é de natureza suave. De modo geral, não causará calor excessivo no corpo, a menos que a pessoa que bebe o chá preto esteja com muito calor dentro do corpo. Na produção do chá preto, a secagem pode fazer com que o chá seja quente, sendo que a temperatura para secagem pode chegar até 100 graus e 120 graus. Uma temperatura tão alta fará com que o chá seja um pouco quente e seco. E portanto, às vezes as pessoas que bebem o chá preto podem sentir um calor no interior do corpo. Por outro lado, esse fenómeno também está relacionado com a sensibilidade do próprio organismo de cada pessoa. Dado a isso, se alguém comprar chá preto novo, é recomendável deixá-lo por alguns meses antes de o beber.

Conhecendo um pouco mais

Bebendo chá em diferentes estações

Existem na maioria das áreas da China quatro estações distintas, em que o tempo é moderado na primavera, quente no verão, fresco no outono e frio no inverno. Com a mudança do clima e das estações, a condição física de cada pessoa também mostrará respostas diferentes.

- **Bebendo chá perfumado na primavera.** O chá perfumado é doce, fresco e aromático. Na primavera, quando a terra está rejuvenescendo e tudo na natureza está em processo de renovação, beber o chá perfumado pode expulsar o frio acumulado no corpo humano durante o inverno e ajudar a gerar calor no interior do corpo. Além disso, o chá perfumado também tem um bom efeito de matar o sono e melhorar a eficiência do organismo humano. Como seu aroma é forte e fresco, a pessoa que o bebe tem também uma sensação fresca e dinâmica.

● **Bebendo chá verde no verão.** Com o calor do verão, o corpo humano consome muita água e transpira muito. É aconselhável beber chás verdes como Biluochun, Longjing e Maofeng. Por causa de seu sabor levemente amargo e de sua natureza fria, o chá verde tem as funções de expulsar o calor, matar a sede e refrescar a mente. Além disso, o chá verde é rico em vitaminas, aminoácidos, minerais e outros nutrientes, e tem um sabor fresco, sendo uma boa opção para o verão quente.

● **Bebendo chá oolong no outono.** O clima fica gradualmente mais frio no outono. De acordo com um ditado chinês: "Os cinco elementos governam o metal, os cinco viscerais governam o pulmão". Afetado pelo tempo seco do outono, o pulmão consome mais água, e é fácil sentir sede nos lábios e na língua, ter tosse seca e sentir pressão no peito. Neste período, é melhor beber um pouco de chá branco ou chá oolong, que ajuda a matar a sede e faz bem à saúde. Como este tipo de chá é fresco e doce, pode hidratar a pele, nutrir os pulmões, gerar líquido fresco e nutrir a garganta.

● **Bebendo chá preto no inverno.** Como a temperatura é baixa e o frio é pesado no inverno, as funções fisiológicas do corpo humano declinam e requerem alta energia e nutrição. Nesta estação, em termos de consumo de chá, o mais importante é escolher um chá que pode fortalecer o corpo, acumular a energia, gerar calor, aquecer o estômago e aumentar a capacidade de resistir ao frio, melhorando, desta forma, a adaptação do corpo ao inverno. Por isso é melhor beber chás pretos como Qimen, Dianhong, Pu'er e Liubao, sendo que o chá preto é doce e quente, e tem um teor alto de proteínas. Além disso, quando o inverno chega, geralmente o apetite das pessoas também melhora. Beber o chá preto ajuda a eliminar gordura e melhorar a saúde.

Objetivos de aprendizado

- Descrever os fatores mais importantes para a preparação do chá preto.
- Preparar o chá preto na chaleira da marca Piaoyi.

Conceito central

Os três fatores que afetam mais a preparação do chá preto são o tempo de infusão, a temperatura da água e a proporção de água e chá, que afetarão diretamente a cor e o aroma da sopa de chá. Ao preparar o chá preto, geralmente se usa tigela de chá de porcelana branca, com a quantidade de 3 gramas de chá e com a proporção de 1:50 entre chá e água. A temperatura da água é de 90 graus, e o tempo de infusão é de 10 segundos.

Informações relacionadas

Ao usar a tigela de porcelana branca para preparar o chá preto, é preciso prestar atenção aos seguintes aspetos:

 Geralmente, para uma tigela de 150 ml, a proporção de chá e água é de 1:50, a quantidade de chá é de 3 gramas (a quantidade de chá varia de acordo com a

HABILIDADE TÉCNICA 1
Descrevendo os fatores mais importantes para a preparação do chá preto

Chá preto

preferência do cliente), e a temperatura da água é de 90 graus.

● Para o chá de alta qualidade, se usa normalmente a água com temperatura de 80 a 90 graus. E se for um chá preto velho e duro, se usa a água com temperatura acima de 90 graus.

● O tempo de infusão é geralmente de 10 segundos, e esse tempo também poderá ser mais longo de acordo com a concentração da sopa de chá.

Ao usar a chaleira da marca Piaoyi para preparar o chá preto, é preciso prestar atenção aos seguintes aspetos:

● A proporção de chá e água é de 1:50, isto é, se a chaleira for de 150 ml, seria preciso preparar 3 gramas de chá preto.

● É preciso controlar o tempo e o número de vezes de infusão. A primeira infusão é de 10 segundos, e depois, acrescenta cada vez mais 15 segundos para as posteriores infusões. E o maior número de vezes de infusão é de 3 a 5 vezes.

● A temperatura da água é decidida pela qualidade do chá. Para a maioria dos chás pretos, desde que não sejam muito duros, a temperatura ideal é de 90 graus.

● É preciso lavar a chaleira antes de começar a preparação do chá.

● Quando o chá está feito, é melhor consumir todo o líquido do chá na chaleira, a fim de garantir o sabor da seguinte infusão.

Atividade do capítulo

No trabalho, a mestra de chá Xiaoya recebeu a tarefa de preparar o chá preto para os convidados e apresentar-lhes os principais fatores que afetam a preparação do chá preto.

As atividades didáticas são realizadas de acordo com a simulação situacional acima.

1. Condições da atividade
- Ambiente da casa de chá
- Chá preto
- Jogo de chá

2. Organização da atividade
- Limpar a chaleira.
- Fazer o chá de acordo os requisitos de preparo.
- Servir o chá aos convidados.

3. Segurança e precauções
- O jogo de chá não deve estar danificado.
- As folhas de chá devem estar frescas e bem conservadas. Pegue cuidadosamente as folhas de chá para elas não caírem ou derramarem.
- Durante a atividade, a chaleira instantânea deve ser colocada em um local onde não seja facilmente esbarrada e a tomada do cabo do carregador deve ser utilizada com segurança.
- Preencha apenas 70% da chaleira instantânea para evitar que a água fervente transborde, queime o mestre ou cause um curto-circuito no filtro de linha.

● Mantenha o bico da chaleira voltado para dentro e não o vire para a direção dos convidados.

● Evite derramar chá ao servir os convidados. Preencha apenas 70% do copo para não queimar os convidados.

● O equipamento de áudio deve estar em boas condições de funcionamento e sem ruídos.

● Verifique se a vestimenta e a aparência pessoal estão adequadas.

4. Detalhes da atividade (consultar Tabela 4.11: Tabela de Atividade sobre a Infusão do Chá Preto)

5. Avaliação (consultar Tabela 4.12: Tabela de Avaliação para a Atividade sobre a Infusão do Chá Preto)

Tabela 4.11 Tabela de Atividade sobre a Infusão do Chá Preto

Conteúdo	Descrição	Critério
Preparar o chá preto escolhido pelos convidados	● Pegar uma quantidade apropriada do chá de acordo com os requisitos de preparo.	● A quantidade do chá deve ser adequada, nem muito nem pouco.
		● As folhas de chá são tiradas de forma higiênica.
Preparar a água quente	● Controlar a temperatura da água de acordo com as características do chá.	● Avaliar a qualidade do chá pela observação cuidadosa de sua aparência e das caraterísticas.
		● Controlar a temperatura da água de acordo com as características do chá e apresentar aos convidados o critério.
Aquecer os utensílios	● Lavar o interior da chaleira com água quente.	● Usar água quente.
		● Ser cuidadoso ao lavar os utensílios.
Fazer o chá	● Colocar as folhas de chá na chaleira. ● Deitar água quente. ● Esperar 10 segundos.	● Colocar cuidadosamente as folhas de chá na chaleira, sem as espalhar fora da chaleira.
		● Controlar o tempo de infusão e apresentar aos convidados o critério.
		● Controlar a proporção de chá e água e apresentar aos convidados o critério.
		● Ser cuidadoso ao usar a água quente.
Servir o chá	● Dividir a sopa de chá em xícaras. ● Servir o chá aos convidados.	● Servir o chá com ambas as mãos.
		● Fazer o gesto de "por favor".
		● Convidar os convidados para beber chá e lembrar-os de beber com cuidado para não serem queimados.

Tabela 4.12 Tabela de Avaliação para a Atividade sobre a Infusão do Chá Preto

Mestre de chá:

Conteúdo	Critério	Respostas	
		Sim	Não
Pegar uma quantidade apropriada do chá preto	A quantidade do chá deve ser adequada, nem muito nem pouco.		
	As folhas de chá são tiradas de forma higiênica.		
Preparar a água quente	Avaliar a qualidade do chá pela observação cuidadosa de sua aparência e das caraterísticas.		
	Controlar a temperatura da água de acordo com as características do chá.		
Aquecer os utensílios	Aquecer os utensílios com água quente.		
	Ser cuidadoso ao lavar os utensílios.		
Fazer o chá	As folhas de chá são colocadas cuidadosamente na chaleira, sem as espalhar fora da chaleira.		
	O tempo de infusão é de 10 segundos.		
	A proporção de chá e água é de 1:50.		
	Ser cuidadoso ao usar a água quente.		
Servir o chá	Servir o chá com ambas as mãos.		
	Fazer o gesto de "por favor".		
	Lembrar os convidados de beber o chá com cuidado para não serem queimados.		

Inspetor: Hora:

Perguntas e respostas

P: Um cliente comprou uma caixa de Jinjunmei na casa de chá e pretende preparar o chá depois de voltar para casa. Ele pediu à mestra de chá Xiaoya para explicar como preparar um bom chá de Jinjunmei.

R: Jinjunmei é um chá preto muito famoso, é produzido com matérias-primas de alta qualidade e de forma delicada. As folhas de chá para a produção de Jinjunmei são finas, apertadas e douradas, e são colhidas de árvores de chá com apenas uma única folha em cada botão. De acordo com suas características, para preparar o chá Jinjunmei, a proporção de chá e água deve ser de 1:50. Ou seja, se usam 3 gramas de chá para 150 ml de água quente. A temperatura da água é de 85 a 90 graus, o tempo de infusão é de 10 segundos, e o maior número de vezes de infusão é de 3 a 5 vezes.

P: Um cliente aprendeu sobre o chá preto Qimen no documentário *Chá, História de Folhas*, e perguntou à mestra de chá Xiaoqing sobre os três fatores que afetam a preparação do chá preto Qimen. Como é que Xiaoqing deve responder?

R: Como um dos dez principais chás famosos da China, o chá preto Qimen também é um dos três chás pretos mais aromáticos do mundo. As folhas de chá são apertadas e regulares, com um brilho de marrom escuro. De acordo com suas características, para preparar o chá Qimen, a proporção de chá e água deve ser de 1:50. Ou seja, se usam 3 gramas de chá para 150 ml de água quente. A temperatura da água é de 90 graus, o tempo de infusão é de 10 segundos, e o maior número de vezes de infusão é de 3 a 5 vezes.

P: Quando os clientes sentem o sabor doce do chá preto, eles perguntam à mestra de chá Xiaoya se ela adicionou açúcar na sopa de chá. Como é que Xiaoya deve explicar?

R: O chá preto é geralmente caracterizado pelo aroma doce e sabor suave. A doçura do chá preto vem principalmente dos açúcares e aminoácidos contidos nas folhas de chá. Entre eles, os açúcares fazem a sopa de chá doce, e os aminoácidos fazem a sopa de chá fresca.

Na produção do chá, sob a ação de enzimas, os dissacarídeos e polissacarídeos são hidrolisados em monossacarídeos, o que faz com que o teor de monossacarídeos aumente, consequentemente, produz um sabor doce da sopa de chá.

Além disso, o chá preto é completamente fermentado. Os carboidratos vão ter uma reação química com aminoácidos e proteínas, produzindo um aroma e sabor doce. De forma geral, quando a qualidade do chá é melhor, o sabor e o aroma da sopa de chá são mais evidentes.

No mercado, será que o sabor doce do chá preto é totalmente natural? Isso não é garantido. Existem muitos comerciantes sem escrúpulos que adicionam açúcar à produção do chá preto para aumentar a doçura e o peso dele. A "doçura" sentida neste tipo de chá é diferente da "doçura" natural. Beber este tipo de chá é como beber água com açúcar, especialmente quando a sopa de chá fica fria, esse sabor vai ser mais óbvio. Mas a doçura natural do chá preto é suave, em vez de um sabor muito forte.

Conhecendo um pouco mais

A origem do chá Yinghong Nº9

O chá Yinghong Nº9 foi criado pelo Instituto de Pesquisa de Chá da Academia de Ciências Agrícolas de Guangdong e foi aprovado como uma excelente espécie de chá a nível provincial em 1988. Hoje em dia, seu nome se tornou não apenas o da árvore de chá, mas também o do tipo de chá e o da marca da região produtora de chá, tal como os nomes Tieguanyin e Dahongpao. O chá Yinghong Nº9 é uma espécie de alta qualidade e de alta produtividade, com um sabor forte e fresco.

Foi selecionada a partir do grupo de árvores de chá com folhas grandes em Yunnan. Suas plantas são altas e semi-abertas, com galhos muito densos. Suas folhas são grandes, ovais, verdes claras, brilhantes, grossas e ligeiramente dobradas para dentro. A margem da folha é ondulada, a ponta da folha é gradualmente apontada, os dentes da folha são afiados e curtos, e a textura da folha é grossa, macia e peluda.

As etapas para a produção do chá preto Yinghong Nº9 são as seguintes: colher folhas frescas → murchar as folhas → rolar → fermentar → secar. De acordo com a qualidade de matérias-primas, o chá Yinghong Nº9 tem duas cores e sete classes, a saber, o excelente, o 1º e 2º classe do chá dourado, o excelente, o 1º, o 2º e o 3º classe do chá levemente dourado. O chá dourado tem todas as pontas da folha douradas, com a superfície brilhante e um aroma fresco e duradouro. A cor da sopa de chá é vermelha e translúcida, com um sabor forte. O chá de qualidade normal do Yinghong Nº9 tem folhas apertadas e grossas, com cor brilhante e pontas levemente douradas. O aroma é fresco e um pouco doce. A sopa de chá é vermelho e brilhante, com um sabor forte.

Objetivos de aprendizado

• Descrever corretamente as características
do chá preto.
• Recomendar um chá preto adequado ao
cliente conforme suas características.

Conceito central

As características intrínsecas do chá preto
incluem principalmente três aspectos: cor
da sopa, aroma e sabor. A cor da sopa pode
ser vermelha, vermelha brilhante, vermelha
escura, vermelha clara ou fica turva após o
resfriamento. O aroma é geralmente fresco
e doce, pode ser aroma de longan, aroma de
caramelo, aroma de flores e frutas e aroma
de Qimen. O sabor do chá pode ser doce puro,
doce profundo, doce forte, doce intenso ou
doce de longan.

Informações relacionadas

Características da cor da sopa do chá preto

A cor da sopa do chá preto é principalmente vermelha. De acordo com a forma de
produção e qualidade de matérias-primas, a cor da sopa pode ser:

• **Vermelha:** A cor da sopa é vermelha, intensa, dourada e brilhante.
• **Vermelha brilhante:** A cor da sopa é vermelha, translúcida e brilhante.
• **Vermelha escura:** A cor da sopa é vermelha escura.
• **Vermelha clara:** A cor da sopa é vermelha clara.
• **Turva após o resfriamento:** A sopa de chá fica turva depois de estar fria, com
uma turbidez leitosa marrom clara ou laranja, que é uma das caraterísticas do
chá preto de alta qualidade.

Características do aroma do chá preto

O aroma da sopa do chá preto é principalmente doce, que pode ser:

• **Doce e fresco:** O aroma é fresco e levemente doce.
• **Doce e puro:** O aroma é puro e levemente doce.
• **A roma de longan:** O aroma é parecido com o de longan seco.
• **Aroma de caramelo:** O aroma é parecido com o de caramelo, por causa da
secagem em fogo alto na produção.

Sopa vermelha

Sopa vermelha brilhante

Sopa vermelha escura

Sopa vermelha clara

Cores diferentes da sopa de chá

- **Aroma de flores e frutas:** O aroma é semelhante ao aroma de algumas flores e frutas, como rosas e orquídeas.
- **Aroma de Qimen:** O aroma de Qimen é fresco e doce, parecido com o de mel ou de rosas.

Características do sabor do chá preto

O sabor do chá preto é principalmente doce e suave, que pode ser:
- **Doce puro:** O sabor é levemente doce, fresco e suave.
- **Doce profundo:** O sabor é profundamente doce, que causa uma sensação viscosa na boca.
- **Doce forte:** O sabor do chá é fortemente doce, que causa uma sensação irritante na boca.
- **Doce intenso:** O sabor é intensamente doce, que causa uma sensação irritante na boca.
- **Doce de longan:** O sabor do chá é parecido com o de longan seco, que é uma das características da espécie de Xiaozhong do Monte Wuyi.

Atividade do capítulo

Para comemorar o Dia das Mães, a casa de chá pretende realizar um evento com o tema de "Agradecer à mãe com uma xícara de chá preto", e por isso, preparou vários tipos de chá preto. Todos os convidados poderão trazer suas mães para vir ao evento desgustar o chá preto. A mestra de chá Xiaoya precisa explicar aos convidados as características do chá preto e convidá-los a beber o chá e agradecer às mães.

As atividades didáticas serão realizadas de acordo com a simulação situacional acima.

1. Condições da atividade
- Ambiente da casa de chá
- Quatro tipos de chá preto
- Jogo de chá

2. Organização da atividade
- Apresentar aos convidados os nomes e preços dos quatro tipos de chá preto.
- Ajudar os convidados a escolher um chá preto favorito.
- Preparar o chá preto para os convidados.
- Explicar aos convidados as características do chá preto.
- Perguntar a opinião dos convidados sobre a qualidade do chá.
- Organizar o jogo de chá.

3. Segurança e precauções
- O jogo de chá não deve estar danificado.
- As folhas de chá devem estar frescas e bem conservadas. Pegue cuidadosamente as folhas de chá para elas não caírem ou derramarem.
- Durante a atividade, a chaleira elétrica instantânea deve ser colocada em um local onde não seja facilmente esbarrada, e a tomada do cabo do carregador deve ser utilizada com

segurança.

● Preencha apenas 70% da chaleira instantânea para evitar que a água fervente transborde, queime o mestre ou cause um curto-circuito no filtro de linha.

●Mantenha o bico da chaleira voltado para dentro e não o vire para a direção dos convidados.

● Evite derramar chá ao servir os convidados. Preencha apenas 70% do copo para não queimar os convidados.

● O equipamento de áudio deve estar em boas condições de funcionamento e sem ruídos.

● Verifique se a vestimenta e a aparência pessoal estão adequadas.

4. Detalhes da atividade (consultar Tabela 4.13: Tabela de Atividade de Apresentação das Características do Chá Preto)

5. Avaliação (consultar Tabela 4.14: Tabela de Avaliação para a Apresentação das Características do Chá Preto)

Tabela 4.13 Tabela de Atividade de Apresentação das Características do Chá Preto

Conteúdo	Descrição	Critério
Apresentar os nomes e preços dos diferentes tipos de chá preto	● Apresentar as origens e os nomes dos difenrentes tipos de chá.	● As origens e os nomes dos diferentes tipos de chá são apresentados de forma precisa e clara.
	● Os preços são marcados de forma clara.	● Os preços são marcados de forma clara.
Ajudar os clientes a escolher um chá favorito	● Oferecer aos clientes um menu de chá.	● Oferecer ativamente aos clientes um menu de chá.
	● Ajudar os clientes a escolher um chá favorito.	● Ajudar ativamente os clientes a escolher um chá favorito.
Preparar o chá escolhido pelos clientes	● Preparar os utensílios.	● Os utensílios estão bem preparados.
	● Preparar a água quente.	● A temperatura da água é adequada para o chá selecionado.
	● Preparar o chá de acordo com suas caraterísticas.	● Preparar o chá de acordo com suas caraterísticas. A temperatura da água, a quantidade de chá e o tempo de infusão estão todos corretos.
	● Servir o chá aos clientes.	● Servir o chá aos clientes com ambas as mãos e fazer o gesto de "por favor".
Explicar aos clientes as características do chá preto	● Explicar a cor da sopa do chá preto.	● A explicação é correta e clara.
	● Explicar o sabor do chá preto.	● A explicação é correta e clara.
	● Explicar o aroma do chá preto.	● A explicação é correta e clara.
Perguntar a opinião dos clientes sobre a qualidade do chá	● Perguntar a opinião dos clientes sobre a qualidade do chá.	● Perguntar ativamente a opinião dos clientes sobre a qualidade do chá.
Organizar o jogo de chá	● Organizar o jogo de chá.	● O jogo de chá está bem organizado.

Tabela 4.14 Tabela de Avaliação para a Apresentação das Características do Chá Preto

Mestre de chá:

Conteúdo	Critério	Respostas	
		Sim	Não
Apresentar os nomes e preços dos diferentes tipos de chá preto	As origens e os nomes dos diferentes tipos de chá são apresentados de forma precisa e clara.		
	Os preços são marcados de forma clara.		
Ajudar os clientes a escolher um chá favorito	Oferecer ativamente aos clientes um menu de chá.		
	Ajudar ativamente os clientes a escolher um chá favorito.		
Preparar o chá preto escolhido pelos os clientes	Os utensílios estão bem preparados.		
	A temperatura da água é de 90 graus.		
	A quantidade de chá é de 3 a 5 gramas.		
	O número de vezes de infusão é de 3 a 5 vezes.		
	O tempo de infusão é de 5 a 15 segundos.		
	Servir o chá com ambas as mãos.		
	Fazer o gesto de "por favor".		
Explicar aos clientes as características do chá preto	A explicação sobre a cor da sopa do chá preto é correta e clara.		
	A explicação sobre o sabor do chá preto é correta e clara.		
	A explicação sobre o aroma do chá preto é correta e clara.		
Perguntar a opinião dos clientes sobre a qualidade do chá	Perguntar ativamente a opinião dos clientes sobre a qualidade do chá.		
Organizar o jogo de chá	O jogo de chá está bem organizado.		

Inspetor: Hora:

Perguntas e respostas

P: Como é que o mestre de chá deve ensinar os clientes a cheirar o aroma do chá preto?

R: O melhor tempo para cheirar o aroma do chá preto é logo depois de sua preparação. Quando o chá está quente, seu aroma dá para identificar a qualidade, a pureza, o sabor e o tipo de chá. Quando o chá está frio, pode cheirar o chá para ver se o aroma é duradouro ou não.

P: Como é que o mestre de chá deve apresentar aos clientes a cor da sopa do chá preto?

R: O melhor tempo para observar a cor da sopa do chá preto é logo depois de sua preparação, quando o chá está ainda quente. O mestre de chá deve ajudar os clientes a descrever a cor da sopa do chá preto com termos profissionais, por exemplo, a cor da sopa é vermelha e brilhante. Quando o chá está frio, a sopa do chá preto vai ficar turva. Quando se encontra uma turbidez leitosa marrom ou laranja na sopa de chá, o mestre de chá deve explicar aos clientes que esse fenómeno é normal e é uma das caraterísticas do chá preto de alta qualidade.

P: Quais são os fatores que fazem o sabor ácido na sopa de chá do chá preto?

R: Por um lado, o sabor ácido do chá vem provavelmente dos componentes como ácido glutâmico, ácido ascórbico, ácido aspártico, glutamina, ácido gálico e ácido oxálico, entre outros. Por outro lado, também é possível que haja algumas falhas na produção e no armazenamento do chá, fazendo com que o sabor do chá seja afetado. Se for do primeiro caso, os componentes ácidos e doces no chá conseguem se equilibrar, o que torna o sabor do chá confortável e fresco. Se for do segundo caso, o sabor ácido afetará o sabor original do chá, podendo trazer uma experiência desagradável de degustação de chá. Por esse motivo, quando o chá tem um sabor ácido, não significa que sua qualidade não é boa, é preciso saber a razão exata.

De modo geral, o chá preto é um chá totalmente fermentado, além do sabor doce, tem também um sabor levemente ácido, que não afetará o sabor integral do chá. Se o sabor ácido é demasiado forte, este poderá ser causado pelos seguintes três fatores. Primeiro, a quantidade do chá é excessiva no processo de fermentação ou o tempo para a fermentação não foi rigorosamente controlado, excedendo as horas necessárias. Segundo, o chá preto ficou húmido durante o armazenamento, e esta falha prejudica o sabor do chá e produz um sabor ácido. Terceiro, a temperatura da água é demasido alta durante a preparação do chá preto, o que também poderá causar um sabor ácido na sopa de chá.

Conhecendo um pouco mais

A origem do chá Jinjunmei

Em 2005, a produção experimental do chá preto Jinjunmei foi bem-sucedida. Suas folhas secas são esbeltas e apertadas, com cores amarelas e pretas brilhantes. A sopa de chá do Jinjunmei é dourada, com um aroma único de flores e um sabor doce, suave e fresco. Devido a sua bela aparência, ao aroma especial e ao sabor suave e fresco, o Jinjunmei foi imediatamente amado pela maioria das pessoas, fazendo o Jinjunmei se tornar muito popular.

A maior caraterística do chá Jinjunmei é que sua forma de produção tem muitas inovações e melhorias em comparação com a forma tradicional, fazendo com que seu sabor seja mais rico, doce e macio. Sendo um representante e símbolo do chá preto chinês de alta qualidade, o chá Jinjunmei não é apenas apreciado na China, mas também é amado por todo o mundo, trazendo uma grande contribuição para a recuperação do chá preto chinês no mercado mundial.

Objetivos de aprendizado

- Descrever os nomes dos utensílios usados na preparação do chá preto.
- Descrever o uso dos utensílios usados na preparação do chá preto.

Conceito central

Os principais utensílios usados para a preparação do chá preto incluem tigela coberta de porcelana branca, bule de vidro e bule de barro roxo, entre outros. Os utensílios auxiliares incluem copo da justiça, xícara, tabuleiro de chá, filtro de chá, pires, lata de chá, suporte para chá, conjunto de acessórios, chaleira elétrica instantânea, tigela de água, toalha de limpeza e bandeja de chá.

Informações relacionadas

A tigela coberta é usada para a infusão do chá preto, também chamada de "tigela de três talentos" ou "xícara de três talentos", em que a tampa representa o "céu", o pires representa a "terra" e a tigela representa o "homem". Os nossos antepassados queriam segurar ao mesmo tempo o céu, a terra e o homem na palma da mão, por isso a tigela coberta tem o significando de "harmonia entre o céu, a terra e o homem".
A tigela coberta tem uma variedade de usos, especialmente para a infusão de diversos tipos de chá. Além de ser usada como um utensílio principal para a preparação do chá, também pode ser usada como uma xícara para a degustação de chá.
Mais detalhes (consultar Tabela 4.15: Utensílios para a Preparação do Chá Preto em Tigela Coberta).

Parte 3

DESCREVENDO O JOGO DE CHÁ

HABILIDADE TÉCNICA

Descrevendo o jogo de chá para a preparação do chá preto

Tabela 4.15　Utensílios para a Preparação do Chá Preto em Tigela Coberta

Nomes	Descrição	Imagens
Tigela coberta	● A tigela coberta é composta por três peças: a tampa, a tigela e o pires.	
Copo da justiça	● O copo da justiça é um divisor de chá, pode ser de vidro, de barro roxo, de porcelana ou de oleiro.	
Xícara	● A xícara é usada para a degustação de chá e a observação da cor da sopa de chá.	
Tabuleiro de chá	● O tabuleiro de chá é um suporte para todos os utensílios de chá, e é também um contentor de água suja e de resíduos de chá. Pode ser feito de madeira, bambu, barro roxo, porcelana, baquelite ou pedra.	
Filtro de chá	● O filtro é usado no copo da justiça para filtrar resíduos de chá.	
Pires	● O pires é um utensílio que serve da base para a xícara.	
Lata de chá	● A lata de chá é usada para armazenar folhas de chá.	
Suporte para chá	● O suporte para chá é usado para a observação das folhas de chá tiradas da lata.	

Nomes	Descrição	Imagens
Conjunto de acessórios	Conjunto de acessórios	● O conjunto de acessórios também é conhecido como "conjunto de seis peças da cerimônia de chá", tem no total seis utensílios de apoio para a cerimônia de chá, incluindo colher para a medição, pinça de chá, colher de chá, agulha de chá, funil de chá e porta-utensílios. Geralmente essas peças são feitas de madeira, por exemplo, de sândalo, de wengué ou de bambu, entre outros tipos de madeira.	
	Colher para a medição	● É usada para tirar as folhas de chá e medir a quantidade das mesmas.	
	Pinça de chá	● É usada para segurar a xícara.	
	Colher de chá	● É usada para pôr as folhas de chá no bule.	
	Agulha de chá	● É usada para limpar o bico do bule.	
	Funil de chá	● É usado para expandir a boca do bule.	
	Porta-utensílios	● É usado para guardar os utensílios.	
Chaleira elétrica instantânea		● A chaleira elétrica instantânea é usada para ferver a água. Atualmente, a chaleira elétrica de aço inoxidável é a mais comumente usada, mas também existem chaleiras feitas de barro roxo, cerâmica, vidro, metal e outros materiais.	

Nomes	Descrição	Imagens
Tigela de água	● A tigela de água é usada para lavar as xícaras com água quente e é também um contentor de água suja, de resíduos de chá e de cascas.	
Toalha de limpeza	● É usada para limpar o jogo de chá, limpar as manchas de água na mesa e segurar a base do bule para não queimar as mãos.	
Bandeja de chá	● É usada para servir chá aos convidados.	

Atividade do capítulo

A casa de chá pretende realizar uma festa de degustação de chá preto e pede à mestra de chá Xiaoya para preparar os utensílios de acordo com os requisitos da atividade.

As atividades didáticas serão realizadas de acordo com a simulação situacional acima.

1. Condições da atividade
- Ambiente da casa de chá
- Jogo de chá

2. Organização da atividade
- Preparar os utensílios conforme os requisitos.
- Dividir os alunos em grupos de 2 a 4 pessoas e aprender sobre os nomes dos utensílios.
- Escolher um dos membros do grupo como inspetor para avaliar o desempenho dos outros de acordo com a tabela de avaliação.
- Selecionar os membros com melhor desempenho de cada grupo.
- Convidar 1 a 2 membros para apresentar os nomes e usos dos utensílios.
- Resumir e dar comentários.

3. Segurança e precauções
- O jogo de chá não deve estar danificado.
- Durante a atividade, a chaleira instantânea deve ser colocada em um local onde não seja facilmente esbarrada e a tomada do cabo do carregador deve ser utilizada com segurança.
- Preencha apenas 70% da chaleira instantânea para evitar que a água fervente transborde, queime o mestre ou cause um curto-circuito no filtro de linha.
- Mantenha o bico da chaleira voltado para dentro e não o vire para a direção dos convidados.
- O equipamento de áudio deve estar em boas condições de funcionamento e sem ruídos.
- Verifique se a vestimenta e a aparência pessoal estão adequadas.

4. Detalhes da atividade (consultar Tabela 4.16: Tabela de Atividade para a Apresentação dos Nomes e Usos dos Utensílios na Preparação do Chá Preto)

5. Avaliação (consultar Tabela 4.17: Tabela de Avaliação para a Apresentação dos Nomes e Usos dos Utensílios na Preparação do Chá Preto)

Tabela 4.16 Tabela de Atividade para a Apresentação dos Nomes e Usos dos Utensílios na Preparação do Chá Preto

Conteúdo	Descrição	Critério
Preparar o jogo de chá	● O jogo de chá está bem preparado.	● O jogo de chá inclui: tigela coberta, copo da justiça, xícara, tabuleiro de chá, filtro de chá, pires, lata de chá, suporte para chá, conjunto de acessórios, chaleira elétrica instantânea, tigela de água, toalha de limpeza e bandeja de chá.
	● O jogo de chá está colocado de acordo com a norma-padrão.	● O jogo de chá está colocado de acordo com a norma-padrão.
Apresentar os nomes dos utensílios	● Apresentar um por um os nomes dos utensílios	● Saber o nome de cada utensílio.
		● Saber o uso de cada utensílio.
Apresentar os usos dos utensílios	● Apresentar um por um os usos dos utensílios	● Tigela coberta: É usada para a infusão do chá preto.
		●Copo da justiça: É usado para dividir a sopa de chá.
		● Xícara: É usada para a degustação de chá.
		● Tabuleiro de chá: É usado como um suporte para todos os utensílios de chá.
		● Filtro de chá: É usado para filtrar resíduos de chá.
		● Pires: É um utensílio que serve de base para a xícara.
		●Lata de chá: É usada para armazenar folhas de chá.
		● Suporte para chá: É usado para a observação das folhas de chá.
		● Conjunto de acessórios: Também é conhecido como "conjunto de seis peças da cerimônia de chá", tem no total seis utensílios de apoio para a cerimônia de chá, incluindo colher para a medição, pinça de chá, colher de chá, agulha de chá, funil de chá e portautensílios. Colher para a medição: É usada para tirar as folhas de chá e medir a quantidade das mesmas. Pinça de chá: É usada para segurar a xícara. Colher de chá: É usada para pôr as folhas de chá no bule. Agulha de chá: É usada para limpar o bico do bule. Funil de chá: É usado para expandir a boca do bule. Porta-utensílios: É usado para guardar os utensílios.
		● Chaleira elétrica instantânea: É usada para ferver água.
		● Tigela de água: É usada como um contentor de água suja.
		● Toalha de limpeza: É usada para limpar o jogo de chá.
		● Bandeja de chá: É usada para servir chá aos convidados.
Organizar o jogo de chá	● Limpar o jogo de chá e organizá-lo de forma correta.	● O jogo de chá está limpo, arrumado e bem colocado.

Tabela 4.17 Tabela de Avaliação para a Apresentação dos Nomes e Usos dos Utensílios na Preparação do Chá Preto

Mestre de chá:

| Conteúdo | | Critério | Respostas | |
Nomes	Usos		Sim	Não
Tigela coberta	É usada para a infusão do chá preto.	A apresentação sobre o nome e uso da tigela coberta é correta.		
Copo da justiça	É usado para dividir a sopa de chá.	A apresentação sobre o nome e uso do copo da justiça é correta.		
Xícara	É usada para a degustação de chá.	A apresentação sobre o nome e uso da xícara é correta.		
Tabuleiro de chá	É usado para suportar todos os utensílios de chá.	A apresentação sobre o nome e uso do tabuleiro de chá é correta.		
Filtro de chá	É usado para filtrar resíduos de chá.	A apresentação sobre o nome e uso do filtro de chá é correta.		
Pires	É um utensílio que serve de base para a xícara.	A apresentação sobre o nome e uso do pires é correta.		
Lata de chá	É usada para armazenar folhas de chá.	A apresentação sobre o nome e uso da lata de chá é correta.		
Suporte para chá	É usado para a observação das folhas de chá.	A apresentação sobre o nome e uso do suporte para chá é correta.		
Conjunto de acessórios	Colher para a medição — É usada para tirar as folhas de chá e medir a quantidade das mesmas.	A apresentação sobre o nome e uso da colher para a medição é correta.		
	Pinça de chá — É usada para segurar a xícara.	A apresentação sobre o nome e uso da pinça de chá é correta.		
	Colher de chá — É usada para pôr as folhas de chá no bule.	A apresentação sobre o nome e uso da colher de chá é correta.		
	Agulha de chá — É usada para limpar o bico do bule.	A apresentação sobre o nome e uso da agulha de chá é correta.		
	Funil de chá — É usado para expandir a boca do bule.	A apresentação sobre o nome e uso do funil de chá é correta.		
	Porta-utensílios — É usado para guardar os utensílios.	A apresentação sobre o nome e uso do porta-utensílios é correta.		
Chaleira elétrica instantânea	É usada para ferver água.	A apresentação sobre o nome e uso da chaleira elétrica instantânea é correta.		
Tigela de água	É usada para lavar as xícaras com água quente e é também um contentor de água suja, de resíduos de chá e de cascas.	A apresentação sobre o nome e uso da tigela de água é correta.		

Conteúdo		Critério	Respostas	
Nomes	**Usos**		**Sim**	**Não**
Toalha de limpeza	É usada para limpar o jogo de chá, limpar as manchas de água na mesa e segurar a base do bule para não queimar as mãos.	A apresentação sobre o nome e uso da toalha de limpeza é correta.		
Bandeja de chá	É usada para servir chá aos convidados.	A apresentação sobre o nome e uso da bandeja de chá é correta.		

Inspetor: Hora:

Perguntas e respostas

P: Na casa de chá, um cliente pediu o chá preto Yinghong Nº9 e descobriu que a mestra de chá Xiaoya usou a tigela coberta para a preparação do chá. Ele ficou muito curioso e perguntou: Por que usa a tigela coberta?

R: Porque a tigela coberta é um utensílio de ampla utilização e pode ser utilizada para o preparo de diversos tipos de chá. Ao usar a tigela coberta de porcelana branca para preparar o chá preto, é conveniente derramar a sopa de chá, substituir as folhas de chá e observar a cor da sopa de chá, por isso a mestra de chá usou a tigela coberta para preparar o chá Yinghong Nº9.

P: O cliente viu que a mestra de chá Xiaoya estava preparando o jogo de chá, e viu que o número de xícaras para um jogo de chá varia de três, cinco e oito. Ele ficou curioso e perguntou: Quantas xícaras tem um jogo de chá?

R: De modo geral, o número de xícaras varia de acordo com o tamanho do utensílio para a infusão de chá, como a tigela coberta ou o bule de barro roxo. Por exemplo, para uma tigela de 150 ml, é melhor preparar cinco xícaras de 30 ml. Mas também há exceções, por exemplo, na região de Chaoshan da província de Guangdong, onde as pessoas costumam preparar três xícaras, o que significa que o chá deve ser dividido em três goles. Na recepção diária da casa de chá, o número de xícaras deve ser igual ao número de clientes, por exemplo, para dez clientes, vão precisar pelo menos dez xícaras.

P: Ao preparar o jogo de chá, o gerente da loja viu que a mestra de chá Xiaoya preparou apenas a tampa e a tigela, se esquecendo de pôr o pires na base da tigela. Ele explicou a Xiaoya que as três peças são intimamente ligadas entre si e todas são indispensáveis. Qual é o significado especial das três peças?

R: A tigela coberta também é chamada de "tigela de três talentos", em que a tampa representa o "céu", o pires representa a "terra" e a tigela representa o "homem". Os nossos antepassados queriam segurar ao mesmo tempo o céu, a terra e o homem na palma da mão, por isso a tigela coberta tem o significando de "harmonia entre o céu, a terra e o homem". Na vida cotidiana, alguns amadores do chá não prestam muita atenção às conotações culturais da arte chinsa do chá e não sabem a importância do uso correto do jogo de chá.

Conhecendo um pouco mais

A história da tigela coberta

A tigela coberta tem a origem na província Sichuan da China, é uma parte importante da cultura da região Bashu, onde o povo tinha um hábito especial de beber chá e usava sempre a tigela coberta. É composta por três peças: a tampa, a tigela e o pires, por isso também é conhecida como "tigela de três talentos".

A tigela coberta tem uma história muito longa e é dito que tem a origem na dinastia Tang. De acordo com os registros históricos sobre a dinastia Tang, a filha do governante de Chengdu magoou sua mão quando pegou a xícara. Para não ser queimada outra vez, ela colocou a xícara num pires e segurou o pires para beber chá. No entanto, como a xícara não era fixada no pires, era muito fácil que a xícara se inclinasse e se movesse. Para resolver esse problema, ela fixou a xícara com cera, e depois com tinta, para que a aparência da xícara seja mais bonita. A partir daí, esse uso se popularizou e mais tarde a xícara foi adicionada também uma tampa, acabando por se tornar a tigela coberta que hoje em dia comumente se encontra.

Objetivos de aprendizado

• Colocar os utensílios para a preparação do chá preto de acordo com a norma-padrão.

• Descrever as etapas do método de preparar o chá preto em tigela coberta.

Conceito central

As principais etapas do método de preparar o chá preto em tigela coberta incluem a preparação do jogo de chá, a infusão de chá em tigela coberta e o serviço de chá aos convidados.

Informações relacionadas

As etapas do método de preparar o chá preto em tigela coberta são as seguintes:

● **Preparar os utensílios:** O utensílio principal para a infusão do chá preto é a tigela coberta, que é conveniente para derramar a sopa de chá, substituir as folhas de chá e observar a cor da sopa de chá,.

● **Observar as folhas de chá:** Antes da infusão, é preciso convidar os clientes para observar a aparência e a cor das folhas de chá.

● **Aquecer os utensílios:** Antes da infusão, é preciso aquecer os utensílios. Por um lado, é para limpar novamente os utensílios, de modo a mostrar respeito aos convidados. Por outro lado, é para aumentar a temperatura dos utensílios, de

HABILIDADE TÉCNICA 1

Descrevendo as etapas do método de preparar o chá preto em tigela coberta

Processo integral do método de preparar o chá preto em tigela coberta

modo a estimular melhor o aroma do chá durante a preparação.

- **Colocar as folhas de chá na tigela:** As folhas de chá devem ser colocadas em três vezes, de modo a mostrar o belo processo em que as folhas de chá caem graciosamente na tigela.
- **Molhar as folhas de chá:** É preciso molhar as folhas de chá antes de sua infusão para que os elementos químicos do chá possam ser melhor libertados.
- **Preparar o chá:** Quando está deitando a água, faça também alguns movimentos concêntricos para que o sabor do chá seja totalmente estimulado.
- **Despejar a sopa de chá:** Segure a borda da tigela e despeje toda a sopa de chá no copo da justiça.
- **Dividir o chá:** Divida a sopa de chá em xícaras e preencha apenas 70% da xícara.
- **Servir o chá:** Sirva o chá aos clientes e convide-os a beber o chá.
- **Beber o chá:** Antes de beber o chá, cheire primeiro seu aroma e depois observe sua cor.
- **Organizar os utensílios:** Depois da atividade, é preciso arrumar a mesa, limpar as manchas e organizar os utensílios.

Precauções para a colocação dos utensílios:

- Antes de colocar os utensílios, é preciso verificar se os utensílios estão limpos e sem danos. É preciso preparar com antecedência as folhas de chá, verificar a temperatura da água e manter a mesa limpa.
- Ao colocar os utensílios, é preciso ter cuidado ao pegar os utensílios e deixar uma certa distância entre eles.
- Depois de colocar os utensílios, é preciso verificar mais uma vez que os utensílios estão limpos e sem danos e que a temperatura da água é apropriada para a infusão do chá preto.

As normas para a colocação dos utensílios são apresentadas na Tabela 4.18.

Antes de colocar os utensílios

Ao colocar os utensílios

Depois de colocar os utensílios

Tabela 4.18 Normas para a Colocação dos Utensílios

Nomes	Critério
Tigela coberta	● É colocada no tabuleiro de chá.
	● Coloque o lado pintado da tigela em direção ao cliente.
Copo da justiça	● É colocado a 45 graus à esquerda ou à direita da tigela coberta.
	● O bico fica voltado para dentro.
Xícara	● É colocada no pires.
Tabuleiro de chá	● É colocado no meio da mesa.
Filtro de chá	● É colocado a 45 graus à esquerda ou à direita da tigela coberta.
Pires	● É colocado de forma organizada.
Lata de chá	● É colocado ao lado esquerdo.
Suporte para chá	● A abertura fica voltada para dentro.
Conjunto de acessórios	● É colocado ao lado esquerdo.
Chaleira elétrica instantânea	● É colocada ao lado direito.
	● O bico fica voltado para dentro.
Tigela de água	● É colocada ao lado direito.
Toalha de limpeza	● É colocada de forma organizada.
Bandeja de chá	● É colocada no meio da mesa.

Atividade do capítulo

A casa de chá pretende fazer uma festa para compartilhar conhecimentos sobre o chá chinês, e a mestra de chá Xiaoya é responsável por apresentar aos convidados o método de preparar o chá preto em tigela coberta.

As atividades didáticas serão realizadas de acordo com a simulação situacional acima.

1. Condições da atividade

- Ambiente da casa de chá
- Chá preto
- Jogo de chá
- Água quente

2. Organização da atividade

- Dividir os alunos em grupos de duas pessoas, e cada grupo fica com um conjunto de utensílios para fazer o chá preto em tigela coberta.
- Um dos membros do grupo apresenta as etapas do método de preparar o chá preto em tigela coberta, sendo o outro como o inspetor, e depois os dois trocam os papéis.
- Um dos membros do grupo prepara os utensílios de acordo com as normas, sendo o outro como o inspetor, e depois os dois trocam os papéis.
- Resumir e descrever os detalhes mais importantes.
- Selecionar aleatoriamente 1 a 2 pessoas para apresentar as etapas do método de

preparar o chá preto em tigela coberta.

• Selecionar aleatoriamente 1 a 2 pessoas para organizar o jogo de chá de acordo com as normas.

3. Segurança e precauções

• O jogo de chá não deve estar danificado.

• As folhas de chá devem estar frescas e bem conservadas. Pegue cuidadosamente as folhas de chá para elas não caírem ou derramarem.

• Durante a atividade, a chaleira instantânea deve ser colocada em um local onde não seja facilmente esbarrada, e a tomada do cabo do carregador deve ser utilizada com segurança.

• Preencha apenas 70% da chaleira instantânea para evitar que a água fervente transborde, queime o mestre ou cause um curto-circuito no filtro de linha.

• Mantenha o bico da chaleira voltado para dentro e não o vire para a direção dos convidados.

• Evite derramar chá ao servir os convidados. Preencha apenas 70% do copo para não queimar os convidados.

• O equipamento de áudio deve estar em boas condições de funcionamento e sem ruídos.

• Verifique se a vestimenta e a aparência pessoal estão adequadas.

4. Detalhes da atividade (consultar Tabela 4.19: Tabela de Atividade para a Apresentação das Etapas do Método de Preparar o Chá Preto em Tigela Coberta)

5. Avaliação (consultar Tabela 4.20: Tabela de Avaliação para a Apresentação das Etapas do Método de Preparar o Chá Preto em Tigela Coberta; Tabela 4.21: Tabela de Avaliação para a Colocação dos Utensílios)

Tabela 4.19 Tabela de Atividade para a Apresentação das Etapas do Método de Preparar o Chá Preto em Tigela Coberta

Conteúdo	Descrição	Creitério
Passar música	• Passar uma música clássica chinesa.	• A música é calma, com um ritmo suave e apropriado à atmosfera da cultura do chá.
Preparar o jogo de chá	• Os utensílios incluem: tigela coberta, copo da justiça, xícara, tabuleiro de chá, filtro de chá, pires, lata de chá, suporte para chá, conjunto de acessórios, chaleira elétrica instantânea, tigela de água, toalha de limpeza e bandeja de chá. • Verificar se o jogo de chá está limpo e sem danos.	• Todos os utensílios estão bem preparados. • O jogo de chá está limpo e sem danos. • O jogo de chá é colocado de acordo com as normas.
Apresentar as etapas para a preparação do chá preto	• As etapas incluem: preparar os utensílios, observar as folhas de chá, aquecer utensílios, colocar as folhas de chá na tigela, molhar as folhas de chá, preparar o chá, despejar a sopa de chá, dividir o chá, servir o chá, beber o chá e organizar os utensílios. • Apresentar as etapas de acordo com o vídeo.	• A apresentação sobre as etapas do método de preparar o chá preto em tigela coberta é correta. • As etapas são apresentadas de acordo com o vídeo.

Tabela 4.20 Tabela de Avaliação para a Apresentação das Etapas do Método de Preparar o Chá Preto em Tigela Coberta

Mestre de chá:

Etapas	Critério	Respostas	
		Sim	Não
Preparar os utensílios	Os utensílios estão colocados de acordo com as normas.		
Observar as folhas de chá	Observar as folhas de chá da esquerda para a direita, com a inclinação de 45 graus.		
Aquecer os utensílios	Lavar as xícaras com a água fervente.		
Colocar as folhas de chá na tigela	Colocar as folhas de chá na tigela em três vezes.		
Molhar as folhas de chá	Molhar as folhas de chá com a água quente para despertá-las.		
Preparar o chá	Fazer a infusão do chá com a água quente.		
Despejar a sope de chá	Despejar a sopa de chá no copo da justiça.		
Dividir o chá	Dividir a sopa de chá em xícaras.		
Servir o chá	Servir o chá aos convidados.		
Beber o chá	Segurar a xícara e beber o chá por três goles.		
Organizar os utensílios	Organizar os utensílios de acordo com as normas.		

Inspetor: Hora:

Tabela 4.21 Tabela de Avaliação para a Colocação dos Utensílios

Mestre de chá:

Utensílios	Critério	Respostas	
		Sim	Não
Tigela coberta	É colocada no tabuleiro de chá.		
	Coloque o lado pintado da tigela em direção ao cliente.		
Copo da justiça	É colocado a 45 graus à esquerda ou à direita da tigela coberta.		
	O bico fica voltado para dentro.		
Xícara	É colocada no pires.		
Tabuleiro de chá	É colocado no meio da mesa.		
Filtro de chá	É colocado a 45 graus à esquerda ou à direita da tigela coberta.		
Pires	É colocado de forma organizada.		
Lata de chá	É colocado ao lado esquerdo.		
Suporte para chá	A abertura fica voltada para dentro.		
Conjunto de acessórios	É colocado ao lado esquerdo.		
Chaleira elétrica instantânea	É colocada ao lado direito.		
	O bico fica voltado para dentro.		
Tigela de água	É colocada ao lado direito.		
Toalha de limpeza	É colocada de forma organizada.		
Bandeja de chá	É colocada no meio da mesa.		

Inspetor: Hora:

Perguntas e respostas

P: Os clientes perguntam como preparar chá preto com tigelas com tampa.

R: Para preparar o chá preto em tigelas com tampa, é preciso: preparar os utensílios, apreciar o chá, aquecer os utensílios, colocar e fazer o chá, fazer a sopa, dividir a sopa, servir o chá, degustar o chá e guardar os utensílios.

P: Como deve ser organizado o conjunto de utensílios para o preparo de chá preto?

R: Os utensílios utilizados para o preparo de chá preto são: Tigelas com tampa, xícaras de chá, copos de chá, pratos de chá, filtros de chá, pires, latas de chá, suportes de chá, grupos de arte chinesa do chá, chaleiras elétricas instantâneas, pratos de águas residuais, toalhas de chá e bandejas de serviço de chá. Antes da preparação, o jogo de chá deve ficar pronto, limpo e colocado de acordo com as especificações.

P: Enquanto o mestre de chá Xiaoya descreve o processo de preparação do chá preto para os convidados, alguns convidados perguntaram se eles precisavam lavar o chá antes de preparar o chá preto. O que Xiaoya deve responder?

R: Xiaoya deve explicar pacientemente aos convidados: Na arte do chá, não há isso de "lavar chá". Costumamos ouvir falar em "lavar chá", e é devido ao medo de que o chá seja pouco higiênico ou contaminado pela poluição durante o processo de armazenamento a longo prazo, e por isso é necessário limpá-lo. No entanto, atualmente o endoplasma das folhas de chá é mais bem cuidado, e muitas folhas de chá podem ser preparadas e consumidas diretamente. Para despertar melhor a cor e o aroma das folhas de chá, existem etapas na arte do chá como "umedecer o chá" (também conhecido como "acordar o chá"). E a sopa de chá de "umedecer o chá" pode ser bebida ou servida de acordo com os hábitos pessoais.

Conhecendo um pouco mais

Demonstração da arte chinesa do chá preto

- **Preparação do jogo de chá:** O mestre de chá tem uma boa postura e prepara o jogo de chá na seguinte ordem: prato de chá, bule azul e branco, xícara de justiça, xícara de chá, filtro de chá, porta-copos, bule de chá, porta-chá, chaleira elétrica instantânea, grupo de arte chinesa do chá, toalha de chá, prato para águas residuais.

- **Apreciação do chá preto:** O mestre de chá usa a ferramenta de medição de chá para colher o chá no suporte de chá e pegar o suporte de chá com as duas mãos para que os convidados apreciem. Ao tomar chá, as folhas de chá não devem ser espalhadas na mesa. Ao chamar os convidados para apreciar, o mestre de chá deve mover o porta chá lentamente da esquerda para a direita, e ficar sempre no mesmo nível, com a mesma altura. A mestre de chá deve sorrir e os movimentos devem ser seguidos pelos olhos.

● **Aquecimento do bule e da xícara:** O mestre de chá despeja água fervente no bule de porcelana (tigela) e na xícara, de modo que o copo seja enrolado em outro copoe faça um som.

● **Entrada das folhas de chá aromáticas no bule:** O mestre do chá puxa o chá preto do suporte de chá para o bule. Observe que as folhas de chá não devem ficar espalhadas na mesa de chá.

● **Despejamento de água do bule em posição alta:** Primeiro use o método rotativo, depois use o método de corrente contínua para adicionar a água e, finalmente, utilize o método "Three Nods of the Phoenix" para encher o bule. Se houver espuma, você pode usar a mão esquerda para segurar a tampa, retirar a espuma de fora para dentro e, em seguida, tampar e deixar repousar por cerca de 2 a 3 minutos.

● **O "rio vermelho" desagua no "mar":** O mestre do chá deve despejar a sopa de chá em uma xícara de justiça. A sopa de chá não pode derramar.

● **Apreciação e prova:** O mestre do chá deve despejar a sopa de chá do bule em cada xícara de chá uniformemente.

● **Servir o chá:** O mestre do chá deve sorrir, segurar uma xícara de chá com as duas mãos, fazer o gesto de convite e dizer: "Por favor, aproveite seu chá".

● **Organização os utensílios e expressão de agradecimento:** O mestre de chá deve levantar e curvar aos convidados em agradecimento. Depois que os convidados saírem de seus assentos, o mestre de chá deve limpar o prato de chá com um pano, limpar os outros jogos de chá e colocá-los no prato de chá um a um em seus devidos lugares.

HABILIDADE TÉCNICA 2

Demonstrando o método de preparar e servir o chá preto em tigela coberta

Objetivos de aprendizado

- Segurar corretamente as tigelas cobertas.
- Seguir corretamente cada etapa e mostrar totalmente do método de preparo do chá preto em tigelas cobertas.

Conceito central

Mostrar o método de preparo do chá preto em tigelas cobertas. Preparar o chá preto completo de acordo com as etapas e os padrões de operação do método de preparo do chá preto em tigelas com tampa e prestar atenção à padronização de etiqueta e etiqueta do chá no processo.

Informações relacionadas

Segurar a tampa da tigela é a principal técnica de operação no método de preparo do chá preto em tigelas cobertas, que são usadas para fazer sopa. A operação deve ser suave e sem queimar as mãos. E a sopa de chá é drenada.

O método de retirada das tigelas cobertas pode ser resumido como "uma linha, segurando bem e drenando totalmente", e as especificações são mostradas na Tabela 4.22.

Os padrões operacionais do método de preparo do chá preto em tigelas cobertas são mostrados na Tabela 4.23.

Atividade do capítulo

A casa de chá planeja realizar uma festa de degustação de chá preto Yingde, na qual exige que um mestre de chá prepare chá preto para os convidados e demonstre o método de preparo do chá preto em tigelas cobertas.

As atividades didáticas são realizadas de acordo com a simulação situacional a seguir.

1. Condições da atividade
- Ambiente da casa de chá
- Folhas de chá preto
- Preparação do jogo de chá
- Preparação de água quente

2. Organização da atividade

● Dividir os alunos em grupos de 2 a 4 pessoas, e preparar um conjunto de utensílios usados no método de preparo do chá preto em tigelas cobertas.

● Os membros do grupo reinam as técnicas de retenção da tampa e da tigela e completam a avaliação de acordo com o formulário de teste.

● Os membros do grupo praticam o método de preparo do chá preto em tigelas cobertas e completam a avaliação de acordo com a tabela de teste.

● Resumir e descrever os detalhes dos requisitos.

● Selecionar aleatoriamente 1 a 2 pessoas com excelente desempenho para mostrar as técnicas de retenção das tigelas cobertas.

● Selecionar aleatoriamente 1 a 2 pessoas com excelente desempenho para mostrar o método de preparo do chá preto em tigelas cobertas.

3. Segurança e precauções

● O jogo de chá não deve estar danificado.

● As folhas de chá devem ser frescas e bem conservadas. Pegue cuidadosamente as folhas de chá para elas não caírem ou derramarem.

Tabela 4.22 Padrões de Operação para Usar Tigelas Cobertas

Item	Requisitos operacionais	Imagens	
		Correto	Incorreto
Manter uma linha	● Ao segurar as tigelas cobertas, o polegar, o dedo médio e o dedo indicador formam primeiramente uma linha.		
Segurar ao lado	● O dedo indicador fica centralizado e pressionado suavemente a tampa e, em seguida, usar o dedo médio e o polegar para segurar os dois lados das tigelas cobertas, pendurando o pulso e abaixando o cotovelo.		
Drenar	● Ao sair a sopa, primeiro incline a tampa na tigela, despeje a sopa de chá e escorra toda a sopa de chá para não afetar a qualidade da próxima tigela de chá. Ao drenar a sopa de chá, equilibre o dedo médio e o polegar para evitar a água quente queimar a mão.		

Tabela 4.23 Padrões Operacionais do Método de Preparar e Servir Chá Preto em Tigelas Cobertas

O método de preparar e servir o chá		Critérios operacionais
Etapas	Imagens	
Preparar utensílios		● O jogo de chá está completo e bem colocado. ● O mestre do chá tem uma postura adequada, passos leves e peitoral e abdômen retos. ● O mestre de chá fica dom o sorriso e tem simpatia.
Apreciar o chá		● Usar uma colher de medição de chá para remover as folhas de chá do bule e colocar no suporte de chá. ● Segure o suporte de chá com as duas mãos, sorrindo, os olhos se movem com as mãos. Os convidados apreciam o chá. ● Ao tomar as folhas de chá, elas não devem ficar espalhadas na mesa de chá.
Aquecer utensílios		● O bico do bule dá para dentro ou para os lados em vez de para os convidados. ● Durante a atividade, as ações devem ser suaves. ● Quando adicionar a água com bule em posição alta, a água não deve transbordar. ● O jogo de chá é limpo e sem manchas de chá ou marcas de água.
Colocar o chá		● Ao discar o chá, as folhas de chá não ficam espalhadas na mesa. ● A quantidade de chá é determinada de acordo com a capacidade da tigela com tampa.
Umedecer o chá		● Molhe todas as folhas de chá. ● A água não respinga. ● A água do chá é despejada no prato para águas residuais.

| O método de preparar e servir o chá | | Critérios operacionais |
Etapas	Imagens	
Prepara o chá		● Injete água quente ao longo da parede das tigelas cobertas.
		● A temperatura da água é de cerca de 90 graus.
		● Controle o tempo de preparo.
Drenar a sopa		● Segure a borda das tigelas com tampa e evite queimar as mãos.
		● Controle a quantidade de água para evitar derramamento.
		● Escorra a sopa de chá.
Dividir a sopa		● Cada copo de sopa de chá fica cerca de 70% cheia.
		● Cada copo tem sopa de chá igual.
Servir o chá		● Sirva o chá com as duas mãos e sorria.
		● Faça o gesto de convite.
		● Fale educadamente "por favor, aproveite seu chá".
Saborear o chá		● Prove completamente a sopa de chá observando a cor da sopa, sentir o aroma do chá e provar o sabor.
		● Fique atento à temperatura e evite queimaduras.
Organizar utensílios		● Limpe a mesa de chá.
		● Limpe o jogo de chá e coloque-o de volta ao seu lugar.

• Durante a atividade, a chaleira elétrica instantânea deve ser colocada em um local que não seja fácil esbarrar, e a tomada do cabo de alimentação é energizada com segurança.

• A chaleira elétrica instantânea deve ser enchida com 70% de água para evitar que a água fervente transborde, queime o mestre ou cause um curto-circuito na placa do cabo de alimentação. O bico da chaleira elétrica instantânea deve ficar voltado para dentro e o bico não deve ficar voltado para os convidados.

• Evite derramar chá ao servir os convidados e preste atenção em derramar o chá a 70% para evitar queimar os convidados.

• O equipamento de áudio funciona normalmente e sem ruídos.

• Preste atenção à aparência induvidual.

4. Detalhes da atividade (consultar Tabela 4.24: Tabela de Habilidades no Preparo e Servir Chá Preto em Tigelas Cobertas)

5. Avaliação (consultar Tabela 4.25: Tabela de Avaliação de como Manusear Tigelas Cobertas; Tabela 4.26: Tabela de Avaliação de Habilidades no Preparo e Servir Chá Preto em Tigelas Cobertas)

Tabela 4.24 Tabela de Habilidades no Preparo e Servir Chá Preto em Tigelas Cobertas

Conteúdo	Descrição	Critério
Arrumar o local	● Preparar uma mesa de chá ou uma toalha de mesa.	● Prepare uma mesa de chá de cor clara ou uma toalha de mesa de cor clara.
	● Colocar plantas verdes ou decoração com flores.	● As plantas verdes são delicadas e elegantes.
Preparar o chá e utensílios	● Preparar o jogo de chá	● Tigelas cobertas, copos de justiça, xícaras de chá, pratos de chá, filtros de chá, pires, latas de chá, suportes de chá, grupos de arte chinesa de chá, chaleiras elétricas instantâneas, pratos para águas residuais, toalhas de chá e bandejas de chá.
	● Limpar o jogo de chá.	● Sem manchas óbvias no jogo de chá.
	● Pesar o chá preto Yingde.	● Prepare cerca de 3 gramas de folhas de chá por xícara.
Preparar água quente	● Ferver a água com antecedência.	● Ferva a água com antecedência. A água para a preparação é de 90 graus.
Praticar técnicas de segurar as tigelas cobertas	● Pegar um copo vazio. ● Pegar um copo com água normal. ● Pegar um copo com água quente.	● O primeiro é uma linha, o segundo é segurar os lados, o três é drenar a sopa.
		● Aja suavemente e a água não cause queimaduras.
Praticar o método de preparo do chá preto em tigelas cobertas	● Preparar os utensílios, apreciar o chá, aquecer utensílios, colocar o chá, fazer o chá, drenar a sopa, dividir a sopa, servir o chá, degustar o chá, limpar e organizar os utensílios.	● Fique com aparência e etiqueta corretas.
		● A colocação do jogo de chá é correta.
		● A técnica de operação é correta.
		● As etapas do método de preparo do chá preto em tigelas com tampa estão completas.
		● Os três elementos da preparação de chá são bem dominados.
Arrumar a sala de treinamento	● Limpar a área de atividade e organizar os utensílios.	● A sala de trabalho é limpa e arrumada, e os utensílios estão arrumados e no lugar certo.

Tabela 4.25 Tabela de Avaliação de como Manusear Tigelas Cobertas

Mestre de chá:

Conteúdo	Critério	Respostas	
		Sim	Não
Habilidades para segurar tigelas cobertas	Os três dedos (polegar, dedo médio, dedo indicador) devem estar alinhados, e os dedos anelar e mínimo naturalmente curvados.		
	Segure a tampa na borda da tigela, pendurando o pulso e abaixando o cotovelo.		
	Escorrer o chá e cubra o fundo da tigela sem para fora.		

Inspetor: Hora:

Tabela 4.26 Tabela de Avaliação de Habilidades no Preparo e Servir Chá Preto em Tigelas Cobertas

Mestre de chá:

Conteúdo	Critério	Respostas	
		Sim	Não
Preparar utensílios	O jogo de chá está completo e bem colocado.		
	Postura adequada, passos leves, peitoral e abdome retos.		
	Sorria e seja simpático.		
Apreciar o chá	Use uma colher de medição de chá para remover as folhas de chá do bule e colocar no suporte de chá.		
	Ao tomar chá, as folhas de chá não ficam espalhadas na mesa de chá.		
	Enquanto os convidados apreciam, continue sorrindo e os olhos seguem as mãos.		
Aquecer utensílios	O bico do bule fica para dentro ou para os lados e não de frente para o convidado.		
	Ao operar, as ações são suaves.		
	Quando adicionar água com bule, a água não transborda.		
	O jogo de chá está limpo e sem manchas de chá ou marcas de água.		
Colocar o chá	Ao servir o chá, as folhas de chá não ficam espalhadas na mesa.		
	A quantidade de chá é determinada de acordo com a capacidade da tigela cobertas.		
Umedecer o chá	Molhe todas as folhas de chá.		
	A água não respinga.		
	A água do chá é despejada no prato para águas residuais.		

Conteúdo	Critério	Respostas	
		Sim	Não
Preparação	Injete água quente ao longo da parede das tigelas cobertas.		
	A temperatura da água é controlada em cerca de 90 graus.		
	Controle o tempo de preparo.		
Sopa	Remova a borda das tigelas cobertas e evite queimar as mãos.		
	Controle a quantidade de água para evitar derramamento.		
	Escorra a sopa de chá.		
Dividir a sopa	Os copos de sopa de chá estão cerca de 70% cheia.		
	Há sopa igual em todos os copos.		
Servir o chá	Sirva o chá com as duas mãos com um sorriso.		
	Faça o gesto de convite.		
	Fale educadamente "por favor, aproveite seu chá".		
Saborear o chá	Olhe para a cor da sopa.		
	Sinta o aroma do chá.		
	Prove em três mordidas.		
Guardar utensílios	Limpe a mesa de chá.		
	O jogo de chá é limpo e guardado de volta.		

Inspetor: Hora:

Perguntas e respostas

P: Como preparar uma deliciosa xícara de YingHong Nº9?

R: O Yinghong Nº9 é uma das categorias que pertencem a linha dos chás pretos. Seus cordões são vastos e bem atados. A cor é escura e úmida, a fragrância doce é rica. A cor da sopa é vermelha e brilhante. O sabor é fresco e suave e o fundo vermelho das folhas é macio e uniformemente brilhante. Portanto, ao fazer a preparação, geralmente são usadas tigelas com tampa de porcelana branca, com capacidade de cerca de 150 ml, temperatura da água de cerca de 90 graus. O primeiro tempo de preparação é de cerca de 10 segundos e, em seguida, o tempo de imersão é ajustado de acordo com a velocidade de dissolução do chá e preferências do cliente.

P: Ao preparar chá em tigelas cobertas, se a mão estiver com queimaduras ou bolhas de água , o que devo fazer?

R: Primeiramente, devemos tratar a ferida naturalmente. Aplique o creme para queimaduras a tempo e evite usar a mão queimada para fazer chá novamente. A segunda é ajustar o método de levar as tigelas com tampa no futuro, de modo que "primeiro formar uma linha, segundo segurar as bordas, terceiro drenar". É preciso praticar mais suas habilidades de manuseio das tigelas com tampa no seu dia-adia. Pegue a tigela vázia primeiro com as mãos e, em seguida, adicione água fria para tomar. Depois aquece a água quente para treinar. O treinamento repetido evita novas queimaduras.

P: O cliente perguntou ao mestre de chá Xiaoya: "As tigelas cobertas na minha casa são sempre muito quentes quando as usar. Comprei as tigelas com tampa falsas?". Como Xiaoya deve ajudar os convidados a escolher tigelas cobertas?

R: Xiaoya deve informar ao cliente a maneira correta de segurar as tigelas cobertas, ou seja, prestando atenção em "Primeiro uma linha, segundo segurar nas bordas, tericeiro drenar". Se você ainda sentir que as tigelas com tampa estão muito quentes depois de usar o método correto, verifique se prestou atenção aos seguintes problemas ao comprar as tigelas cobertas:

- Escolher um estilo com uma espuma maior e uma borda fina das tigelas cobertas, o que é conveniente para escorrer a sopa sem queimar as mãos.
- Selecionar tigelas cobertas que a tampa se encaixe perfeitamente na boca da tigela. E o ângulo de abertura é razoável, o tamanho é adequado e o botão da tampa é fácil de apertar.
- Escolher uma tigela cobertas que seja do tamanho que seja possível segurar firmemente. As tigelas com tampa usadas por mulheres podem ser selecionadas adequadamente os pequenos e delicados, enquanto para os homens principalmente as largas, estáveis e pesadas.

Conhecendo um pouco mais

Detalhes para seguir ao segurar as tigelas cobertas

Três dedos em uma linha. A técnica chamada de "três dedos em uma linha" referese ao polegar , dedo indicador, dedo médio na medida do possível para manter em linha reta, ou seja, ao pegar as tigelas com tampa, usar a primeira articulação entre falanges do dedo indicador contra as tigelas com tampa, o polegar e o dedo médio contra a borda das tigelas com tampa em ambas as extremidades, esses três pontos o mais longe possível para manter uma linha reta, de modo a segurar as tigelas com firmeza, evitando queimar as mãos.

Os pulsos ficam mais altos que os cotovelos. Ao servir o chá, muitos amantes do chá servem o chá levantando os pulsos sob o cotovelo das mãos. No entanto, não é elegante fazer isso. A postura correta é que o cotovelo fique pressionado levemente para baixo. Não é adequado para levantamentos muito altos, e o pulso deve ficar um pouco mais alto que o cotovelo. Essa postura de servir chá é elegante e profissional.

O dedo mindinho se retrai naturalmente. O dedo mindinho fica naturalmente relaxado. Não aponte para os outros e não levante, pois é considerado indelicado.

Mantenha o fundo das tigelas cobertas para dentro. Ao pegar as tigelas cobertas, o fundo deve ficar virado para dentro e não para fora, que é a etiqueta básica.

A direção do derramamento da sopa. Quando a sopa for despejada, ela deve fluir na direção do dedo indicador para evitar que a sopa de chá queime o polegar.

Abanar a tigela. Depois de derramar a sopa de chá, continuar a abanar a tigela duas vezes para baixo para garantir que a sopa de chá seja totalmente derramada e evitar amargor na próxima sopa de chá. Ao abanar a tigela, o pulso não se move, movendo todo o braço para cima e para baixo. Claro, você também pode usar o polegar para pressionar o botão da tampa na tampa da tigela para deixar uma lacuna e, ao mesmo tempo, usar o dedo anelar e o dedo indicador para apoiar o suporte inferior, para que as três partes fiquem suavemente levantado. E, em seguida, inclinado para cobrir a tigela para servir o chá. Esta técnica é mais popular na região de Chaoshan, localizada na província de Guangdong, na China .

5 Arte tradicional do chá chinês

Conhecimentos-chave do capítulo:
Utensílios de chá as dinastias Qin e Han;
preparo do chá por fritura na dinastia Tang.

一碗喉吻润，二碗破孤闷。

三碗搜枯肠，惟有文字五千卷。

四碗发轻汗，平生不平事，尽向毛孔散。

五碗肌骨清，六碗通仙灵。

七碗吃不得也，唯觉两腋习习清风生。

——唐·卢仝《七碗茶歌》

Objetivos de aprendizado

- Descrever o processo de preparo de chá nas dinastias Qin e Han.
- Descrever o preparo de chá nas dinastias Qin e Han aos convidados.

Conceito central

Preparação de chá na dinastia Qin e Han:
Nas dinastias Qin e Han, o método para beber chá era esmagar o chá prensado, amassá-lo em pedaços, colocá-lo em água e cozinhnhá-lo com gengibre, canela, pimenta, casca de laranja, hortelã etc. para fazer uma sopa e tomar.

HABILIDADE TÉCNICA 1
Conhecendo o processo de preparo do chá nas dinastias Qin e Han

Informações relacionadas

A ingestão do chá vem primeiramente do consumo e uso medicinal do chá, sendo o primeiro feito de folhas frescas ou secas para fazer pratos de chá, geralmente temperados com sal, enquanto o segundo é o chá como remédio, e acompanhado de outras ervas cozido em uma sopa. O consumo de chá tem um registro escrito relativamente claro na região de Bashu no final da dinastia Han Ocidental, e o método de preparo do chá deve aparecer o mais tardar no final da dinastia Han Ocidental. Em relação ao processo de preparação de chá nas dinastias Qin e Han, de acordo com o *Guang Ya* de Zhang Yi no período dos Três Reinos, as folhas de chá foram colhidas por pessoas em Hubei, Sichuan e Shaanxi. As velhas folhas de chá foram transformadas em chás compactos junto com mingau de arroz. Ao ferver, primeiro assar o Chá prensado até ficar vermelho, depois esmagá-lo em pedaços picados e despejar a água, depois adicionar a cebolinha, o gengibre, a pimenta de Sichuan de laranja, ferver e beber, que tem causa um efeito refrescante.

O processo de preparo do chá nas dinastias Qin e Han é o seguinte.

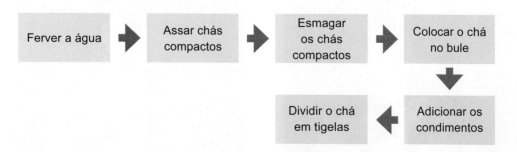

Diagrama do processo de preparo de chá nas dinastias Qin e Han

As instruções específicas são as seguintes:

- **Ferver a água:** Colocar uma chaleira no fogão e ascender o fogo para ferver a água.
- **Assar chás compactos:** Colocar o chá prensado na lateral do fogão com uma pinçade chá e assar até que eles emitam um aroma forte.
- **Esmagar os chás compactos:** Esmagar as folhas de chá com um almofariz de chá até que as folhas de chá estejam em pedaços picados sem pedaços grandes.
- **Colocar o chá no bule:** Depois que a água ferver, adicionar a quantidade adequada de folhas de chá picadas.
- **Adicionar os condimentos:** Adicionar sal, gengibre, casca de laranja, pimenta, hortelã e outros condimentos e ferver em fogo baixo.
- **Dividir o chá em tigelas:** Usar uma colher de chá para despejar a sopa de chá fervida em tigelas de chá e beber.

Ferver água

Assar chá compacto

Esmagar chá

Preparar chá

Dividir chá

Servir chá

Atividade do capítulo

A casa de chá fará uma atividade para relembrar a preparação de chá nas dinastias Qin e Han. Os convidados que vão chegar não sabem como fazer. Neste momento, o mestre de chá Xiaoye deve tomar a iniciativa de orientar os convidados a experimentar a preparação do chá nas dinastias Qin e Han e descrever o passo-a-passo.

As atividades didáticas são realizadas de acordo com a simulação situacional a seguir.

1. Condições da atividade
- Ambiente da casa de chá
- A preparação de materiais relevantes é mostrada na Tabela 5.1

Tabela 5.1 Utensílios Necessários para Preparo de Chá nas Dinastias Qin e Han

Categoria	Itens	Quantidade
Utensílios de chá	Suporte de chá	6
	Almofariz de chá	1
	Forno	1
	Chaleira	1
	Acendedor	1
	Colher de chá	1
	Pinça de chá	1
	Tigela de chá	3
	Prato para águas residuais	1
Condimentos	Chá prensado	1
	Sal	1 porção
	Gengibre	1 porção
	Casca de laranja	1 porção
	Pimenta de Sichuan	1 porção
	Hortelã	1 porção

2. Organização da atividade
- Dividir os alunos em grupos de quatro pessoas, sendo uma delas o líder do grupo.
- Cada grupo experimenta o processo de preparação do chá nas dinastias Qin e Han de acordo com a ordem sorteada.
- Quando um grupo estiver apresentando, um outro grupo será o inspetor.
- Provem os chás dos outros e façam o resumo da atividade de preparação do chá nas dinastias Qin e Han.

3. Segurança e precauções
- O jogo de chá não deve estar danificado e as folhas de chá devem estar bem preservadas.
- Cuidado ao ascender o fogo e ao ferver água.
- Atenção ao controle da temperatura ao grelhar chás compactos para evitar queimaduras.
- Ao esmagar o chá, segure bem o almofariz de chá e triture pacientemente. Se não for atendido ao padrão, o processo pode ser repetido várias vezes.

- Ao ferver o chá, preste atenção ao grau de ebulição da água e ferva por pouco tempo.
- Depois que acabar a atividade da arte do chá, limpe o resíduo a tempo, limpe os utensílios e organize-os.
- O equipamento de áudio deve estar funcionando normalmente e sem ruídos.
- Preste atenção à aparência individual.

4. Detalhes da atividade (consultar Tabela 5.2: Tabela de Atividade para a Apresentação do Processo de Preparo de Chá nas Dinastias Qin e Han)

5. Avaliação (consultar Tabela 5.3: Tabela de Avaliação para a Apresentação do Processo de Preparo de Chá nas Dinastias Qin e Han)

Perguntas e respostas

P: Como preparar o chá nas dinastias Qin e Han?

A: Acender o fogo e ferver a água, assar chás compactos, esmagar folhas de chá, colocar o chá no bule, adicionar os ingredientes e dividir o chá em tigelas.

P: Quais são os ingredientes adicionados além de chá?

R: Sal, gengibre, pimenta de Sichuan, casca de laranja, hortelã etc.

P: No processo de experimentar a preparação do chá nas dinastias Qin e Han, Tom sentiu que o chá estava um pouco amargo depois de ser fervido por um longo tempo, então ele adicionou açúcar ao bule de chá. Após a degustação, a professora sentiu que o sabor da sopa de chá não estava como deveria. Ele sabia que o açúcar foi adicionado depois de perguntar. O que Tom fez de errado?

R: Além de ferver os pedaços de chá no bule, o chá preparado nas dinastias Qin e Han também adiciona sal, gengibre, pimenta, casca de laranja, hortelã e outros condimentos. Portanto, o sabor é principalmente salgado em vez de doce. Tom não deve adicionar açúcar ao bule de chá.

Conhecendo um pouco mais

Shennong e chá

Nos tempos antigos, as montanhas eram verdejantes. Entre as montanhas e florestas, grãos e ervas daninhas cresciam juntos, remédios e flores floresciam juntos também, e ninguém sabia dizer quais grãos podiam ser comidos e quais ervas poderiam curar doenças.

Shennong atravessou as montanhas e rios, provando centenas de ervas em todos os lugares, procurando grãos e ervas para as pessoas saciarem sua fome e curar doenças. Um dia, depois de provar uma variedade de ervas venenosas, ele ficou tonto. As pessoas rapidamente o levaram para uma árvore à beira do riacho para descansar. A brisa passava pelas copas das árvores e várias folhas caíam com o vento, apenas flutuando na chaleira onde a água estava sendo fervida. As folhas caíram no bule, e a água aos poucos ficou amarelada e exalava uma fragrância especial. Todos pegaram a água no bule e deram para Shennong beber. Shennong de repente se sentiu revigorado e confortável, e julgou que esse tipo de folha era um remédio.

A China é o primeiro país a descobrir e usar folhas de chá, que tem uma história de milhares de anos. E "Shennong prova centenas de ervas, encontra setenta e dois venenos todos os dias, finalmente percebe que o chá é a solução", que é uma afirmação mais comum sobre a origem da cultura chinesa do chá.

Tabela 5.2 Tabela de Atividade para a Apresentação do Processo de Preparo de Chá nas Dinastias Qin e Han

Conteúdo	Descrição	Critério
Acender o fogo e ferver a água	● Colocar uma chaleira no fogão e ferver a água.	● Pegue a água em quantidade adequada, e acenda o fogo de acordo com as especificações.
Chás compactos assados	● Colocar o chá prensado na lateral do fogão com uma pinça de chá e o assar.	● Ao assar chás compactos, preste atenção ao calor e asse até que eles fiquem caramelizados.
Mistura de folhas de chá	● Esmagar as folhas de chá com um almofariz de chá.	● As folhas de chá são esmagadas a um estado em que não há grumos óbvios.
Tirar o chá no bule	● Depois que a água ferver, adicionar o chá esmagado.	● Depois que a água ferver, adicione uma quantidade adequada de pedaços de chá.
Adicionar os condimentos	● Adicionar sal, gengibre, casca de laranja, pimenta de Sichuan, hortelã e outros condimentos e deixe ferver em fogo baixo.	● Quando a água estiver prestes a ferver, os ingredientes são colocados.
Dividir o chá em tigelas	● Usar uma colher de chá para despejar a sopa de chá fervida em tigelas de chá e o beber.	● A sopa de chá não transborda e a tigela de chá fica 70% cheia.

Tabela 5.3 Tabela de Avaliação para a Apresentação do Processo de Preparo de Chá nas Dinastias Qin e Han

Mestre de chá:

Conteúdo	Critério	Respostas	
		Sim	Não
Acender o fogo e ferver a água	Tome uma quantidade adequada de água.		
	Acendo o fogo de acordo com as normas de segurança.		
Chás compactos assados	Preste atenção à temperatura ao asse chás compactos.		
	Asse até que o chá prensado esteja seco e com aroma forte.		
Mistura de folhas de chá	As folhas de chá são esmagadas até que não haja grumos óbvios.		
Colocar o chá no bule	Depois que a água ferver, adicione uma quantidade adequada de folhas de chá picadas a tempo.		
Adição de ingredientes	Quando o chá estiver prestes a ferver, coloque os ingredientes.		
Dividir o chá em tigelas	A sopa de chá não transborda.		
	A O copo fica 70% cheio da sopa de chá despejada na tigela com uma colher.		

Inspetor: Hora:

HABILIDADE TÉCNICA 2

Descrevendo os utensílios do preparo de chá nas dinastias Qin e Han

Objetivos de aprendizado

- Descrever utensílios do preparo de chá nas dinastias Qin e Han.
- Escolher os utensílios adequados de acordo com o processo de preparo de chá das dinastias Qin e Han.

Conceito central

Utensílios para beber chá: Os primeiros utensílios de preparação de chá eram os utensílios de vinho e os de refeição, principalmente incluindo potes, chaleiras, dings, tigelas, colheres e assim por diante. Com a expansão das áreas e costumes de beber chá, bem como a melhoria da compreensão das pessoas sobre a função do chá, os jogos de chá foram ficando mais sofisticados.

Informações relacionadas

De acordo com a literatura, o termo "jogo de chá" apareceu pela primeira vez na dinastia Han Ocidental (206 aC – 8 dC) no *Tong Yue* de Wang Bao. Em 1990, um lote de tigelas, xícaras, bules, xícaras pequenas e outros utensílios da dinastia Han Oriental (25-220 dC) foram desenterrados em Shangyu, província de Zhejiang. E as pessoas encontraram o caractere "茶" na base de uma das urnas de armazenamento de chá em porcelana verde, e os arqueólogos julgaram que este é o primeiro jogo de chá de porcelana do mundo que podemos ver atualmente.

No *Chuan Fu* da dinastia Jin, Du Yu, há um registro claro de "jogo de chá": "Os instrumentos feitos de cerâmica simples são do canto leste", "Beba com o punhal,

Dividir o chá em tigelas

tomando o estilo de Gong Liu", de que o vaso de "cerâmica" e o "punhal" da água colhida são os utensílios de chá da época.

Tabela 5.4 Utensílios e seus Usos no Preparo de Chá nas Dinastias Qin e Han

Categoria	Nomes	Descrição	Imagens
Utensílios de chá	Suporte de chá	● Usado para chás compactos.	
	Almofariz de chá	● Usado para esmagar as folhas de chá.	
	Forno	● Usado para cozinhar.	
	Chaleira de chá (bule de chá)	● Usada para ferver a água.	
	Vasilha	● Usada para armazenar água.	
	Colher de chá	● Usada para pegar sopas de chá.	

Categoria	Nomes	Descrição	Imagens
Utensílios de chá	Pinça de chá	● Usada para pegar chás compactos e condimentos.	
	Tigela de chá	● Usada para sopa de chá.	
	Suporte de chá	● Usado para apoiar a tigela de chá.	
	Prato para águas residuais	● Usado para armazenar águas residuais.	
Condimentos	Chá prensado		
	Sal		
	Gengibre		

Categoria	Nomes	Descrição	Imagens
Condimentos	Casca de laranja		
	Pimenta de Sichuan		
	Hortelã		

Atividade do capítulo

O Museu do Utensílios de Chá da China está realizando uma exibição sobre o jogo de chá das dinastias Qin e Han. Xiaoye, um amante de chá, está pronto para levar seus amigos apreciarão museu e apresentar jogos de chá nas dinastias Qin e Han para eles.

As atividades didáticas são realizadas de acordo com a simulação situacional a seguir.

1. Condições da atividade

- Ambiente da casa de chá
- Os materiais a ser preparados são mostrados na Tabela 5.5

Tabela 5.5 Lista dos utensílios do Jogo de Chá no Preparo de Chá nas Dinastias Qin e Han

Nomes	Quantidade
Suporte de chá	6
Almofariz de chá	1
Forno	1
Chaleira de chá (bule de chá)	1
Vasilha	1
Colher de chá	1
Pinça de chá	1
Tigela de chá	3
Pires de chá	3
Prato para águas residuais	1

2. Organização da atividade

- Dividir os alunos em grupos de quatro pessoas, sendo uma delas o líder do grupo.
- Os grupos aprendem os utensílios da preparação do chá nas dinastias Qin e Han de acordo com a ordem sorteada.
- Quando um grupo estiver apresentando, um outro grupo será o inspetor.
- Façam conclusão em grupos.

3. Segurança e precauções

- O jogo de chá é manuseado com cuidado.
- O jogo de chá está limpo e organizado.
- Preste atenção à aparência individual.

4. Detalhes da atividade (consultar Tabela 5.6: Tabela de Atividade sobre Identificação do Jogo de Chá Usado no Preparo de Chá nas Dinastias Qin e Han)

5. Avaliação (consultar Tabela 5.7: Tabela de Avaliação para Identificação do Jogo de Chá Usado no Preparo de Chá nas Dinastias Qin e Han)

Tabela 5.6 Tabela de Atividade sobre Identificação do Jogo de Chá Usado no Preparo de Chá nas Dinastias Qin e Han

Conteúdo	Descrição	Critério
Preparar o jogo de chá	● Preparar jogo de chá usado na preparação de chá nas dinastias Qin e Han.	● O jogo de chá está limpo e sem danos. ● O jogo de chá está organizado.
Reconhecer o jogo de chá	● Descrever o nome e o uso do jogo de chá usado na preparação de chá nas dinastias Qin e Han.	● Diga o nome e o uso do jogo de chá corretamente. ● A fala é precisa e fluente.

Tabela 5.7 Tabela de Avaliação para Identificação do Jogo de Chá Usado no Preparo de Chá nas Dinastias Qin e Han

Mestre de chá:

Conteúdo	Critério	Respostas	
		Sim	Não
Preparar o jogo de chá	O jogo de chá está limpo e sem danos.		
	O jogo de chá está bem organizado.		
Reconhecer o jogo de chá	Descreva o nome e o uso do jogo de chá corretamente.		
	A fala é precisa e fluente.		

Inspetor: Hora:

Perguntas e respostas

P: Quais são os principais jogos de chá usados na preparação de chá nas dinastias Qin e Han?

R: Fogão, almofariz de chá, suporte de chá, chaleira, tigela de chá, pires, pinça de chá e colher de chá.

P: Durante as dinastias Qin e Han, que jogo de chá era usado pelas pessoas para provar o chá?

R: Tigelas de chá.

P: Depois de visitar a exposição de jogo de chá Qin e Han no museu, todos se sentaram juntos à mesa e se prepararam para tomar uma sopa de chá. Jerry usou o pires de chá para encher a sopa de chá casualmente, mas foi interrompido por seus companheiros. O que Jerry fez de errado?

R: O pires de chá é um prato que amortece uma tigela de chá, que é um prato popular para colocar uma xícara de chá nos tempos antigos, e sua finalidade é segurar a tigela de chá para evitar queimar as mãos. Durante as dinastias Qin e Han, os utensílios que sempre contem a sopas de chá são as tigelas de chá. Portanto, é errado usar pires de chá para guardar sopas de chá.

Conhecendo um pouco mais

"Preparar o chácom utensílios limpos" e "Comprar chá em Wuyang" de *Tong Yue*

Utensílios de chá e jogo de chá são uma parte importante da cultura de beber chá. A maioria dos especialistas acredita que a dinastia Han é um estágio importante na história do consumo de chá na China, e os primeiros utensílios para beber chá na China apareceram na dinastia Han Ocidental. Na dinastia Han Ocidental, Wang Bao mencionou uma vez no *Tong Yue* que "O chá deve ter um jogo de chá limpo para a decocção" e "Vá a Wuyang comprar folhas de chá". O caractere "茶" aqui é reconhecido pela maioria dos estudiosos como chá como bebida. Embora os materiais e estilos do jogo de chá mencionados em "O chá deve ser equipado com um jogo de chá limpo para a decocção" não possam ser examinados, pode-se ver no "Vá a Wuyang comprar chá" que naquela época, foi necessário comprar folhas de chá na distante Wuyang (atualmente, Pengshan, província de Sichuan). Pode-se ver que naquela época já existia um mercado de chá especializado em folhas de chá, e o chá se tornou uma mercadoria para as necessidades diárias das pessoas.

HABILIDADE TÉCNICA 3
Demonstrando a arte chinesa do chá nas dinastias Qin e Han

Objetivos de aprendizado

- Fazer a preparação para a arte chinesa do chá nas dinastias Qin e Han.
- Demonstrar a arte chinesa do chá nas dinastias Qin e Han.

Conceito central

A arte da preparação do chánas dinastias Qin e Han: A preparação de chá nas dinastias Qin e Han mostra o surgimento da cultura chinesa de beber chá durante as dinastias Qin e Han através do processo de "Acender e ferver os chás compactos torrados na água, esmagar as folhas de chá, colocar o chá no bule, adicionar os condimentos e dividir o chá em tigelas".

Informações relacionadas

A dinastia Qin foi a primeira a ser unificada na história chinesa. O estabelecimento do sistema de poder centralizado estabeleceu o padrão básico do sistema político da China por mais de 2.000 anos. Então a revolta camponesa no final de Qin, e Liu Bang foi coroado rei de Han depois de derrubar a dinastia Qin. Os reinos Chu e Han lutaram pela hegemonia, e Liu Bang derrotou Xiang Yu e reivindicou o título de imperador para estabelecer a dinastia Han, e desde então, o povo Huaxia gradualmente se tornou conhecido como povo Han desde a dinastia Han. O chá, que era então conhecido como "茶", testemunhou o surgimento de mudanças dinásticas e culturais à medida que o Império Qin e Han se expandia.

O processo e as explicações do preparo da arte chinesa do chá nas dinastias Qin e Han são mostradas na Tabela 5.8.

Conjunto de chá utilizado nas dinastias Qin e Han

Tabela 5.8 Demonstração da Cerimônia do chá por Fritura na Dinastia Qin e Han

Assunto da apresentação		Arte chinesa do chá nas dinastias Qin e Han
Preparação	**Chá**	Chás compactos feitos de chá verde cozido no vapor.
	Preparação de jogos de chá e alimentos	Jogo: fogão, chaleira, almofariz de chá, suporte de chá, pinça de chá, colher de chá e tigela de chá, etc.
		ingredientes: chás compactos, sal, gengibre, canela, pimenta de Sichuan, casca de laranja, hortelã, etc.
	Decoração da mesa de chá	A mesa de chá das dinastias Qin e Han pode ter vermelho, preto, marrom e outras cores escuras como a cor base da toalha de mesa, amarelo como a cor da bandeira da mesa. A mesa é colocada com imitações de jogos de chá antigos das dinastias Qin e Han, que podem ser equipadas com cítara chinesa e tela.
	Mestres	Há 1 mestre principal e 1 a 2 mestres secundários durante o processo de exibição da arte do chá.
	Traje	O traje é rupa tradicional chinesa. A mulher usa uma vestimenta comprida com franjas nas extremidades e cabelos penteados para trás, e o homem usa uma túnica com mangas largas.
	Música	Toque música clássica chinesa da dinastia Qin e Han.
O processo e as explicações da arte do chá da preparação de chá nas dinastias Qin e Han	**Entrar e executar as etiquetas**	As dinastias Qin e Han foram o período importante na história do desenvolvimento da nação chinesa e das poderosas dinastias nos primeiros dias da sociedade feudal da China. Esta folha, então conhecida como "茶", testemunhou a expansão dos impérios Qin e Han, a mudança de dinastias e a ascensão da cultura. Agora, vamos mostrar-lhe a preparação de chá nas dinastias Qin e Han.
	Utensílios de exibição	Na dinastia Han Ocidental, Wang Bao mencionou uma vez no *Tong Yue* que "O chá deve ter um jogo de chá limpo para a decocção" e "Vá para Wuyang comprar folhas de chá", o que reflete os costumes de beber chá na região de Sichuan-Chongqing naquela época. Sabe-se agora que os utensílios para beber chá nas dinastias Qin e Han incluem fogão, chaleira, almofariz de chá, pinça de chá, colher de chá e tigela de chá, etc., bem como os materiais de preparação de chá incluem chá prensado, sal, gengibre, canela, pimenta de Sichuan, casca de laranja e hortelã, etc.
	Acender o fogo para ferver a água e limpar o jogo de chá	Antes de preparar as folhas de chá, faça o fogo com carvão para ferver a água. O uso de um ventilador ao fazer uma fogueira pode acelerar a queima do fogo de carvão.
	Assar e esmagar os chás compactos	Mover o chá prensado para a borda do fogão e virar constantemente. E o chá torrado desta forma é aromático e tem um sabor forte.
	Colocar o chá em um bule e adicionar os temperos	Depois que a água ferver, adicionar as folhas de chá, adicionar condimentos como cebola verde, gengibre e casca de laranja e continuar preparando em fogo baixo para integrar ainda mais o chá à água.
	Dividir o chá em tigelas	Usar uma colher de chá para dividir a sopa de chá uniformemente em tigelas de chá.
	Servir o chá e provar o chá	Pegar a tigela de chá com as duas mãos e servir o chá aos convidados.

Atividade do capítulo

Para vivenciar completamente o charme da cultura e arte chinesa do chá, a casa de chá em breve fará uma cerimônia do chá Qin e Han e convidará chineses e estrangeiros para participarem. Na cerimônia do chá, a equipe precisa mostrar a preparação do chá nas dinastias Qin e Han e fazer uma descrição do passo-a-passo. As atividades didáticas são realizadas de acordo com a simulação situacional a seguir.

1. Condições da atividade
- Ambiente da casa de chá
- A preparação de materiais relevantes é mostrada na Tabela 5.9

2. Organização da atividade
- Dividir os alunos em grupo de 4 pessoas, sendo 1 deles o líder do grupo e responsável pela divisão do trabalho, 2 pessoas montam as mesas de chá e fazem a limpeza, 1 pessoa é o mestre principal e 1 pessoa é o mestre secundário e serve o chá.
- Cada grupo demonstra o processo de preparação do chá nas dinastias Qin e Han de acordo com a ordem sorteada.
- Quando um grupo estiver apresentando, um outro grupo será o inspetor.
- Conduza a avaliação do grupo para selecionar o melhor grupo para demonstração a arte do chá na preparação de chá nas dinastias Qin e Han.

3. Segurança e precauções
- O jogo de chá não deve estar danificado e as folhas de chá estão bem preservadas.
- Preste atenção à segurança de usar fogo ao ferver água no fogo.
- Ao bater o chá, segure o almofariz de chá e triture pacientemente.
- Depois que a arte do chá for exibida, limpe o resíduo a tempo, limpe os utensílios e coloque-os de volta ao lugar.
- O equipamento de áudio deve estar funcionando normalmente e sem ruídos.
- Preste atenção à aparência individual.

4. Detalhes da atividade (consultar Tabela 5.10: Tabela de Atividade sobre Demonstração de Habilidades de Preparo de Chá nas Dinastias Qin e Han)

5. Avaliação (consultar Tabela 5.11: Tabela de Avaliação para Demonstração de Habilidade de Preparo de Chá nas Dinastias Qin e Han)

Perguntas e respostas

P: Quais os preparos devem ser feitos para a exibição da arte do chánas dinastias Qin e Han?

R: Escolher boas folhas de chá e jogo de chá, fazer um bom trabalho com os espaços e o arranjo da mesa de chá, os mestres devem estar no lugar correto e os figurinos e a música preparados.

P: Qual é o momento certo para colocar a sopa de chá nas tigelas?

Tabela 5.9 Utensílios Necessários para Preparo de Chá nas Dinastias Qin e Han

Categoria	Itens	Quantidade
Utensílios de chá	Suporte de chá	6
	Almofariz de chá	1
	Forno	1
	Chaleira	1
	Acendedor	1
	Colher de chá	1
	Pinça de chá	1
	Tigela de chá	3
	Prato para águas residuais	1
Condimentos	Chá prensado	1
	Sal	1 serving
	Gengibre	1 serving
	Casca de laranja	1 serving
	Pimenta de Sichuan	1 serving
	Hortelã	1 serving
Arranjo dos móveis	Mesa e cadeira	1 set
	Tela	1 set
	Toalha de mesa	1 piece
	Sinalizador de mesa	1 piece

Tabela 5.10 Tabela de Atividade sobre Demonstração de Habilidades de Preparo de Chá nas Dinastias Qin e Han

Conteúdo	Descrição	Critério
1	● Entrar e seguir as etiquetas	● A imagem é nítida, o traje é decente e a expressão é natural.
2	● Mostrar utensílios	
3	● Acender um fogo para ferver a água	● Movimentos, gestos e posturas em pé são eretos e generosos. ● Combinar a música de fundo apropriada e realizar performances rítmicas.
4	● Jogo de de chá limpo	
5	● Assar e esmagar os chás compactos	● A operação é tranquila e o processo é completo, mostrando as características da arte do chá em diferentes períodos históricos.
6	● Colocar o chá em um bule	● A explicação é clara, a expressão é fluente e o conteúdo é interessante.
7	● Adicionar os temperos	● O volume é moderado e o tom é suave.
8	● Dividir o chá em tigelas	● A decoração ambiental pode refletir a atmosfera cultural de várias dinastias.
9	● Servir o chá e provar o chá	

Tabela 5.11 Tabela de Avaliação para Demonstração de Habilidade de Preparo de Chá nas Dinastias Qin e Han

Mestre de chá:

Nº	Critério	Respostas	
		Sim	Não
1	A imagem é adequada. Seja educado.		
	Use o traje de maneira correto.		
	As expressões faciais são natural.		
2	A movimentação é gentil e adequada.		
3	Música tocando ao fundo.		
	Faça movimentos ritmicamente.		
4	A operação é suave.		
	O processo é completo.		
	Reflita as características da arte de preparar chá nas dinastias Qin e Han.		
5	A narrativa é claramente organizada.		
	A expressão é fluente.		
	O conteúdo é interessante.		
6	O volume é moderado.		
	O tom é suave.		
7	A decoração ambiental pode refletir a atmosfera cultural das dinastias Qin e Han.		

Inspetor: Hora:

R: Depois que as folhas de chá e os condimentos são fervidos, a sopa de chá pode ser colocada em tigelas de chá. Lembre-se de não ferver a sopa de chá por muito tempo, caso contrário ela ficará amarga.

P: No processo de se vestir para a arte chinesa do chá nas dinastias Qin e Han, Selina viu que o cheongsam estava muito bonito e também deveria ser uma espécie de roupa chinesa Han, portanto, ela colocou o cheongsam para participar da arte chinesa do chá Qin e Han, e descobriu que não combinava com o estilo de roupa das outras pessoas. O que Selina fez de errado?

R: A roupa chinesa Han, também conhecida como "roupa chinesa" ou "roupa han", é o traje tradicional do povo Han, que carrega o excelente artesanato e estética desse povo, como tingimento, tecelagem e bordado, e herda a patrimônio cultural imaterial da China, as artes e ofícios chineses protegidos. O cheongsam é um dos trajes tradicionais das mulheres chinesas desde a dinastia Qing, que se baseia no estilo manchu cheongsam, com as características das roupas Han e, ao mesmo tempo, o estilo único das roupas femininas formadas pelo corte no estilo ocidental dos métodos na estrutura. Portanto, o cheongsam não pode ser comparado com a roupa chinesa Han, ou seja, Selina errou ao levar o cheongsam como se fosse uma roupa chinesa Han para participar da arte chinesa do chá Qin e Han.

Conhecendo um pouco mais

Origem de "Substituir vinho por chá"

É dito que no final da dinastia Han Oriental, o rei Sun Hao ordenou à força no espaço que cada um destes cortesãos presentes deveria beber pelo menos sete litros de vinho e cada vez que o copo fosse enchido, deveria ser bebido totoalmente. Caso contrário, seria derramado diretamente. Wei Yao também esteve presente nesse momento. Wei Yao, cujo nome original era Wei Zhao, era erudito e bom em literatura, e foi contratado para escrever *o Livro de Wu*. Ele foi muito favorecido pelo senhor Sun Hao, mas não conseguia beber álcool. Sun Hao o tratou de forma preferencial e especial, secretamente substituindo vinho por chá, para que ele pudesse beber sete litros de "vinho" com os cortesãos. Esta é a origem de "substituir vinho por chá".

Parte 2

APRENDENDO SOBRE A ARTE DO CHÁ NO PREPARO POR FRITURA NA DINASTIA TANG

HABILIDADE TÉCNICA 1
Conhecendo o processo do preparo de chá por fritura na dinastia Tang

Objetivos de aprendizado

• Descrever o processo de preparo de chá por fritura na dinastia Tang.

• Apresentar o preparo de chá por fritura na dinastia Tang aos convidados.

Conceito central

O preparo do chá por fritura na dinastia Tang foi criado por Lu Yu. O passo-a-passo do preparo é: Preparar utensílios, assar chás compactos, moer, escolher a água, buscar água, esperar pela sopa, fritar, beber chá, e saborear a sopa de chá.

Informações relacionadas

O preparo por fritura na dinastia Tang é um método de preparação de chá que evoluiu a partir das dinastias Qin e Han, e foi registrado pela primeira vez no primeiro livro de chá da China, *O Clássico do Chá* de Lu Yu na dinastia Tang. Este tipo de método de preparação de chá usa principalmente chás compactos, que são torrados e moídos. E quando a sopa é fervida pela primeira vez, as folhas de chá devem ser adicionadas e mexidas até ferver. Fritar o chá era a principal forma de fazer chá para beber na dinastia Tang, que já se espalhou para o Japão, Coreia do Sul e Coreia do Norte, e teve uma grande influência na história.

O principal processo de fritura na dinastia Tang é: torrar e moer chás compactos, peneirar o chá fino em pó, preparar chá no bule de chá, ferver três vezes para cultivar a essência, despejar a sopa de chá em tigelas de chá.

● **Assar chás compactos.** Aquecer o chá prensado, assar lentamente e virar com frequência até que não esteja mais úmido e emita uma fragrância fresca.

● **Moer chás compactos.** Depois que o chá prensado seco esfriar, ele é moído em pedaços com um moedor de chá até que não haja mais pedaços grandes.

● **Peneirar o pó de chá fino.** O pó de chá tem diferença em tamanho e qualidade, e precisa ser peneirado para remover os grânulos grossos não moídos e fragmentos. Depois coloque na caixa de chá para guardar.

● **Preparar o chá no bule de chá.** Os três passos a seguir devem ser seguidos ao preparar o chá: O primeiro é esperar pela sopa, ou seja, colocar o bule de chá no fogão e ferver a água com carvão triturado. O segundo é o sal, ou seja, quando a água ferver e fazer um som baixo, é chamado de "fervura primária", e um pouco de sal deve ser adicionado na água fervente para equilibrar o sabor do chá neste momento. A terceira é colocar o chá, ou seja, quando a água da lateral do bule estiver borbulhando, é a "fervura secundária", e uma colher de água deve ser retirada do bule neste momento, caso o chá derrame quando chegar na terceira fervura. Mexer a água fervente em círculos com uma pinçade bambu e despejar o pó de chá na água fervente no centro do bule.

● **Ferver três vezes para manter a essência.** Quando tiver bolhas e as gotas de água espirrarem, é a "terceira fervura". Neste momento, a água retirada durante a segunda fervura pode ser despejada para que ela não ferva mais. Em seguida, mexa uniformemente para que as flores brancas da sopa apareçam na superfície da água.

● **Despejar a sopa de chá nas tigelas de chá.** Retire a sopa de chá do interior da colher de chá e despeje em tigelas de chá e beba. A preciosa sopa de chá fresca e aromática são as três primeiras tigelas fervidas do bule, que podem ser divididas em cinco tigelas no máximo. Ao dividir o chá, é necessário fazer isso de forme o mais uniforme e equilibrado, e preste atenção às etiquetas do chá.

Atividade do capítulo

O Ano Novo está chegando, e a casa de chá fará uma atividade para os convidados vivenciarem a arte do chá através do preparo de chá na dinastia Tang. A principal responsabilidade do mestre Xiaoyang é orientar os convidados para a experiência de acordo com o processo de sencha na dinastia Tang e apresentar o processo relevante.

As atividades didáticas são realizadas de acordo com a simulação situacional a seguir.

O principal processo de fritura na dinastia Tang é: assar chás compactos, moer chás compactos, peneirar o pó de chá fino, preparar o chá no bule de chá, servir chá

1. Condições da atividade

- Ambiente da casa de chá
- Os materiais a ser preparados são mostrados na Tabela 5.12

2. Organização da atividade

- Dividir os alunos em grupos de quatro pessoas, sendo uma delas o líder do grupo.
- Todos os grupos experimentam o processo do preparo por fritura na dinastia Tang de acordo com a ordem sorteada.
- Quando um grupo estiver apresentando, um outro grupo será o inspetor.
- Provem um ao outro e façam a conclusão da atividade do preparo por fritura na dinastia Tang.

3. Segurança e precauções

- O jogo de chá não deve estar danificado e as folhas de chá estão bem preservadas.
- Preste atenção à segurança de usar fogo ao ferver água.
- Preste atenção ao calor ao esquentar chá prensado para evitar queimaduras.
- Ao bater o chá, segure o almofariz de chá e triture pacientemente. Se o padrão não for atendido, esmagadura pode ser repetida várias vezes.
- Ao ferver o chá, preste atenção ao grau de ebulição da água e não ferva por muito tempo.
- Depois que a arte do chá for exibida, limpe o resíduo a tempo, limpe e organize os utensílios.
- O equipamento de áudio deve estar funcionando normalmente e sem ruídos.
- Preste atenção à aparência individual.

4. Detalhes da atividade (consultar Tabela 5.13: Tabela de Atividade sobre o Processo de Apresentação do Preparo de Chá por Fritura na Dinastia Tang)

5. Avaliação (consulta Tabela 5.14: Tabela de Avaliação para o Processo de Apresentação do Preparo de Chá por Fritura na Dinastia Tang)

Perguntas e respostas

P: Qual é o processo da arte chinesa do chá na dinastia Tang?

R: Torrar chás compactos, moer chás compactos, peneirar o chá fino em pó, ferver o chá no bule, ferver três vezes para manter a essência, despejar a sopa de chá em tigelas de chá.

P: Qual é a diferença entre os ingredientes do método de preparo de chá na dinastia Tang em comparação com as dinastias Qin e Han?

R: No método de preparo por fritura da dinastia Tang, é necessário adicionar chá em pó e sal, mas gengibre, casca de laranja, hortelã e outros não são necessários como no método de preparo de chá Qin e Han.

P: Ao fazer o chá por fritura da dinastia Tang, assim que a água ferveu, Sam mal podia esperar para derramar sal e chá em pó na água e mexer a sopa de chá. Naquela época, todos ficam assustados. O que Sam fez de errado?

R: No preparo de chá na dinastia Tang, somente após a fervura da água, sal e chá em pó podem ser adicionados sucessivamente, mas a ordem e o tempo de adição são estritamente estipulados.

- A primeira fervura: Tire um pouco de sal do saleiro e coloque na água fervente para harmonizar o sabor do chá;

Tabela 5.12 Tabela dos Utensílios Necessários para Preparo de Chá na Dinastia Tang

Categoria	Itens	Quantidade
Utensílios no preparo por frito	Fogão de vento	1
	Pinça de chá	1
	Moedor de chá	1
	Peneira de chá	1
	Caixa de chá	1
	Bule de chá	1
	Suporte de chá	1
	Colher de chá	1
	Saleiro	1
	Tigela de chá	1
Condimentos	Chá prensado crocante cozido no vapor	1
	Sal	1 porção

Tabela 5.13 Tabela de Atividade sobre o Processo de Apresentação do Preparo de Chá por Fritura na Dinastia Tang

Conteúdo	Descrição	Critério
Chás compactos assados	● Coloque o chá prensado em fogo baixo não inodoro e esperar secar para facilitar a moagem.	● Preste atenção ao calor ao assar o chá e virae com frequência até que o chá prensado não esteja mais úmido e emita uma fragrância fresca.
Moer chás compactos	● Esmague o chá prensado com um moinho de chá.	● Depois que o chá prensado seco esfriar, triture até que não haja pedaços grandes.
Peneirar o pó de chá	● O chá moído é peneirado e guardado em uma caixa de chá.	● O pó de chá é suave e fino depois de ser peneirado.
Preparar o chá no bule de chá	● Espere pela sopa: monte o bule de chá no fogão aberto e ferva a água com carvão triturado. ● Ajuste o sal: quando a água ferver no centro e fizer um leve som, é chamado de "fervura primária". Adicione algum sal. ● Coloque o chá no bule de chá: uma colher de água é retirada do bule na fase da fervura secundária para reduzir a ebulição. Mexa a água fervente em círculos com um pinça de bambu e despeje o pó de chá na água fervente no centro da fervur.	● Encha um bule de chá com água e ferva-a.
		● A primeira fervura: retire um pouco de sal do saleiro e coloque na água fervente.
		● A segunda fervura: retire uma colher de água do bule.
		● Mexa a água fervente em círculo com um pinça de bambu.
		● Despeje o pó de chá em água fervente no centro da fervura.
Três fervuras para manter a essência	● Quando as ondas rolam e as gotas de água espirram, é chamado de "terceira fervura". Neste momento, a água retirada durante a segunda fervura pode ser despejada para que a água não ferva mais. Em seguida, mexa uniformemente para que as flores brancas da sopa apareçam na superfície da água.	● A terceira fervura: despeje a água que acabou de ser retirada para que a água não ferva mais.
		● Mexa bem para produzir flores de sopa brancas.
Despejar a sopa de chá em tigelas de chá	● Retire a sopa de chá do interior da colher de chá e despeje em tigelas de chá e beba.	● Não derrame sopa de chá ao retirar do bule.
		● A sopa de chá é colocada na tigela de chá até ficar 70% cheia.

Tabela 5.14 Tabela de Avaliação para o Processo de Apresentação do Preparo de Chá por Fritura na Dinastia Tang

Mestre de chá:

Conteúdo	Critério	Respostas	
		Sim	Não
Chás compactos	Preste atenção ao calor ao assar chás compactos.		
	Vire chás compactos com frequência.		
	Asse os chás compactosaté que eles não tenham mais umidade e emitam uma fragrância fresca.		
Moer chás compactos	O chá prensado assado é então moído após esfriar.		
	Môa até que não haja grãos maiores.		
Peneirar o pó de chá bem fino	O pó de chá é peneirado.		
	O pó de chá fica na espessura adequada.		
Preparar o chá no bule	Encha um bule de chá com água e ferva-a.		
	A primeira fervura: tire um pouco de sal do saleiro e coloque em água fervente.		
	A segunda fervura: retire uma colher de água do bule.		
	Misture em sentido de círculo com uma pinça de bambu em água fervente.		
	Despeje o pó de chá em água fervente no centro da fervura.		
Três fervuras para manter a essência	A terceira fervura: despeje a água retirada durante a segunda fervura para que evite que a água ferva mais.		
	Mexa uniformemente para produzir espuma branca na superfície.		
Despejar a sopa de chá em tigelas de chá	Não derrame a sopa de chá ao tirar do bule.		
	A sopa de chá colocada na tigela de chá até fica 70% cheia.		

Inspetor: Hora:

● A segunda fervura: Retire uma colher de água do bule caso a espuma do chá transborde durante a "terceira fervura". Enquanto isso, mexa a água fervente em círculos com uma pinça de bambu e despeje o pó de chá na água fervente no centro do bule;

● A terceira fervura: despeje a água retirada durante a segunda fervura para que ela não ferva novamente.

Conhecendo um pouco mais

Métodos de preparo de chá na dinastia Tang

A produção de chá na dinastia Tang da China baseava-se principalmente no chá prensado crocante cozido no vapor, e Lu Yu dividiu os métodos de fazer chá da dinastia Tang em sete etapas no *O Clássico do Chá*: escolher, cozinhar no vapor, bater, misturar, assar, amarrar e armazenar.

- **Escolher as folhas de chá.** O chá deve ser colhido por volta de fevereiro e março. Elas não devem ser colhidas em dias chuvosos ou dias nublados em céu ensolarado, portanto, é necessário esperar até dias totalmente ensolarados para colheita. Os melhore botões de chá são as folhas altas e novas no topo das árvores do chá.
- **Folhas de chá a vapor.** Zeng (Vaporizador) de madeira ou telha é colocado em uma camada de casca de bambu, e as folhas frescas são espalhadas sobre ela. Coloque o Zeng na chaleira, adicione água à chaleira e coloque as folhas, vaporize-as e retire-as.
- **Esmagar o chá.** Antes que as folhas de chá cozidas no vapor esfriem, é necessário colocá-las rapidamente no almofariz. Quanto mais fino, despejar a mistura de chá no molde de chá (geralmente é feito de ferro, o molde de madeira é menos usado). Além disso, o chá prensado crocante cozido no vapor tem formato redondo, quadrado ou flor, entre outros tipos formatos.
- **Bater o chá.** Depois que a mistura de chá é derramada no molde, ela deve ser batida para ficar sua estrutura firme e sólida sem buracos. Quando o chá prensado crocante cozido no vapor estiver completamente sólido, puxe para remover facilmente o molde do chá e coloque em uma cesta de bambu para secar.
- **Assar o chá.** Depois de secar, o chá prensado crocante cozido no vapor é furado com uma faca de cone e, em seguida, uma vara de bambu fina é usada para amarrar os pedaços de chá. Por fim, é necessário colocar em uma prateleira de madeira para secar.
- **Amarrar o chá.** Os pedaços de chá prensado crocante cozido no vapor são amarrados juntos por peso. Como há furos nelas, podem ser enfiadas em cordões para armazenamento ou transporte, o que facilita o transporte e as vendas.
- **Guardar o chá.** O armazenamento do chá prensado crocante cozido no vapor é importante. Se o armazenamento for inadequado, o sabor do chá será bastante afetado. A incubadora é a ferramenta usada para armazenar o chá. É feito de pedaços de bambu e colado com papel ao redor. Além disso, é fornecido com um dispositivo para enterrar as cinzas quentes no meio, que sempre pode se manter quente e pode ser queimada e aquecida durante a estação chuvosa para evitar mofo de umidade e chá ruim.

HABILIDADE TÉCNICA 2

Descrevendo os utensílios do preparo de chá na dinastia Tang

Objetivos de aprendizado

• Descrever os utensílios de preparo de chá por fritura na dinastia Tang.

• Escolher os utensílios adequados de acordo com o processo de preparo de chá por fritura na dinastia Tang.

Conceito central

Jogo de chá na dinastia Tang: Para atender às necessidades de preparo na dinastia Tang, jogo de chá especiais apareceram na dinastia Tang, e o fogão aberto, bule de chá, pinça de bambu, caixa de peneira, régua, colher de água, tigela de chá e tigela de madeira foram inventados naquela época.

Informações relacionadas

De acordo com *O Clássico do Chá* de Lu Yu, havia vinte e quatro tipos de utensílios de preparo de chá na dinastia Tang, com texturas de metal, porcelana, cerâmica, bambu e madeira etc., mostrados na Tabela 5.15.

Tabela 5.15 Utensílios e seus Usos no Preparo de Chá na Dinastia Tang

Nomes	Descrição	Imagens
Fogão aberto	● Ele é fundido em cobre ou ferro, parecendo um tripé antigo. Tem três pés e é usado para fazer chá no fogo.	風爐
Cesto de carvão	● É tecido com bambu e é usado principalmente para colocar carvão.	筥
Martelo de carvão	● É feito de ferro e é usado principalmente para triturar carvão.	炭檛
Pinças de forja	● Ou seja, as pinças de fogo que normalmente são usadas. É feito de ferro ou cobre aquecido, em forma de pauzinhos, usado principalmente para tirar carvão.	火筴
Bule de chá	● Tem a forma de um caldeirão. É principalmente fundido em ferro gusa e usado para ferver água.	鍑

Nomes	Descrição	Imagens
Pinça de chá	● É feito de bambu verde e é usado para cortar um chá prensado ao grelhar o chá. O suco de bambu novo verde é evaporado no fogo, e o aroma do bambu pode realçar o sabor do chá.	夾
Saco de papel	● Saco de papel de tem duas camadas brancas e grossas. É usado para armazenar chá torrado, para que o aroma do chá possa ser preservado por muito tempo sem perdas.	紙囊
Rolo, batedor	● O rolo é usado para esmagar chás compactos e o batedor é usado para varrer o pó de chá.	碾・拂末
Caixa de peneira e colher	● O pó de chá peneirado por peneira é armazenado em uma caixa. A régua é um artefato usado para pesar o chá em pó.	羅合・則
Tigela de madeira	● É feito de tábuas de madeira e usado para reter água.	水方
Colher de água	● É feito de cabaças cortadas ou madeira para colher água.	瓢
Saleiro	● Porcelana, para guardar sal.	鹾簋
Jarra	● É feito de porcelana ou cerâmica e é usado para reter água fervente.	熟盂
Pinça de bambu	● É usado para tocar o centro da sopa e dar origem à qualidade do chá.	竹夾
Tigela de chá	● É usado para degustação de chá.	碗
Pano de prato	● É feito de pano grosso para limpar o jogo de chá.	巾

Atividade do capítulo

A casa de chá está mostrando uma exibição de "Jogos de Chá no Estilo Tang". Como docente, Xiaoqiu é responsável por preparar várias cópias de jogos de chá antigos da dinastia Tang e descrever seus nomes e usos aos convidados presentes.

As atividades didáticas são realizadas de acordo com a simulação situacional a seguir.

1. Condições da atividade
- Ambiente da casa de chá
- Os materiais a ser preparadas são mostrados na Tabela 5.16

Tabela 5.16 Lista de Jogo de Chá Antigo na Dinastia Tang

Nomes dos itens	Quantidade
Fogão adequado para chá	1
Cesto de carvão	1
Martelo com carvão	1
Pinças de forja	1
Bule de chá	1
Clipe de chá	1
Saco de papel	1
Rolo, vassoura	1
Caixa de peneira e colher	1
Tigela de madeira	1
Colher de água	1
Saleiro	1
Jarra	1
Pinça de bambu	1
Tigela de chá	3
Pano de prato	1

2. Organização da atividade
- Dividir os alunos em grupos de quatro pessoas, sendo uma delas o líder do grupo.
- Cada grupo aprende os utensílios do sencha na dinastia Tang de acordo com a ordem do sorteio.
- Quando um grupo estiver apresentando, um outro grupo será o inspetor.
- Façam conclusão em grupo.

3. Segurança e precauções
- O jogo de chá é manuseado com cuidado.
- O jogo de chá está limpo e organizado.
- Preste atenção à aparência pessoal.

4. Detalhes da atividade (consultar Tabela 5.17: Tabela de Atividade sobre Descrição do Jogo de Chá usado para Imersão de Chá na Dinastia Tang)

5. Avaliação (consulta Tabela 5.18: Tabela de Avaliação para Descrição do Jogo de Chá usado para Imersão de Chá Dinastia Tang)

Tabela 5.17 Tabela de Atividade sobre Descrição do Jogo de Chá usado para Imersão de Chá na Dinastia Tang

Conteúdo	Descrição	Critério
Preparar o jogo de chá	● Preparar conjuntos de chá usados no preparo na dinastia Tang.	● O jogo de chá está limpo e sem danos.
		● O jogo de chá é organizado de forma adequada.
Descrever o jogo de chá	● Descrever o nome e o uso dos conjuntos de chá usados no preparo na dinastia Tang.	● Descreva o nome e o uso do jogo de chá corretamente.
		● Explicação é precisa e fluente.

Tabela 5.18 Tabela de Avaliação para Descrição do Jogo de Chá usado para Imersão de Chá Dinastia Tang

Mestre de chá:

Conteúdo	Critério	Respostas	
		Sim	Não
Preparar o jogo de chá	O jogo de chá é limpo e sem danos.		
	O jogo de chá é organizado de forma adequada.		
Descrever o jogo de chá	Descreva o nome e o uso do jogo de chá corretamente.		
	A explicação é precisa e fluente.		

Inspetor: Hora:

Perguntas e respostas

P: No preparo de chá da dinastia Tang, qual peça do jogo de chá é usada para ferver a água?
R: O bule de chá.
P: Depois que as folhas de chá são torradas, como elas devem ser preservadas?
R: As folhas de chá torradas devem ser armazenadas em sacos de papel (um saco de papel de dupla camada feito de vime branco e grosso), que pode preservar o aroma do chá por um longo tempo sem perdas.
P: Depois de aprender sobre o jogo de chá usado no preparo na dinastia Tang, Jerry estava pronto para experimentar o preparo na dinastia Tang. Então, ele pegou a jarra e a tigela de chá e os encheu com um pouco de água, mas foi interrompido por Xiaoqiu. O que Jerry fez de errado?
R: No processo de imersão na dinastia Tang, todos os tipos de jogo de chá têm seu próprio uso correspondente e deve ser usado adequadamente. A jarra é usada para

armazenar água fervente e a tigela de chá é usada principalmente para beber chá. Portanto, se Jerry precisar encher com água, deve usar a tigela de madeira.

Conhecendo um pouco mais

Jogo de chá usado pela corte da dinastia Tang

Entre as relíquias culturais escavadas no palácio subterrâneo do Templo Famen no condado de Fufeng, província de Shaanxi, em 1987, havia um conjunto de jogos de chá oferecidos pelo Imperador Xizong da dinastia Tang para receber o Buda Sheli do Templo Famen, e muitos feitos de ouro e prata dourados. Este jogo de chá é conhecido como o mais antigo jogo de chá existente no mundo, com as maiores especificações, as instalações de suporte mais completas e o artesanato mais requintado, o que demonstra plenamente o luxo do jogo de chá da dinastia Tang e é uma expressão concentrada da cultura do chá altamente desenvolvida da dinastia Tang.

Objetivos de aprendizado

- Fazer uma boa preparação da arte do chá por fritura na dinastia Tang.
- Demonstrar de forma adequada a arte do chá por fritura na dinastia Tang.

HABILIDADE TÉCNICA 3
Demonstrando a arte de imersão de chá na dinastia Tang

Conceito central

A arte da imersão do chá na dinastia Tang: O chá nessa dinastia tem como foco o uso de utensílios, à preparação de sopas e ao cultivo da essência. De assar, moer e peneirar folhas de chá até três fervuras do chá, todo esse processo não apenas percorre a essência da cultura tradicional chinesa, mas também apresenta perfeitamente a verdadeira fragrância e o verdadeiro sabor do chá.

Informações relacionadas

A dinastia Tang foi o período formativo da cultura do chá. Os costumes de beber chá da dinastia Tang tornaram-se populares, e a escolha de chá e água, a maneira de preparar e o ambiente para beber chá tornaram-se cada vez mais requintados. A partir do aparecimento de *O Clássico do Chá* escrito por Lu Yu, a cultura do chá entrou num novo período, que é um sinal da formação da cultura do chá na dinastia Tang. A demonstração do processo e as explicações correspondentes da arte do chá por fritura na dinastia Tang são mostradas na Tabela 5.19.

Atividade do capítulo

O Ano Novo está chegando, e a equipe performática da casa de chá planeja realizar uma cerimônia do chá com o tema "Aproveitar o Chá por Fritura e Voltar à Dinastia Tang", e chama convidados chineses e estrangeiros a participar juntos para vivenciar o charme da cultura tradicional da arte chinesa do chá. Esta cerimônia do chá exige que o mestre do chá mostre a arte do chá por fritura na dinastia Tang e faça explicações relevantes.

As atividades didáticas são realizadas de acordo com a simulação situacional a seguir.

1. Condições da atividade
- Sala de treinamento na casa de chá
- Os materiais a ser preparados são mostrada na Tabela 5.20

2. Organização da atividade
- Dividir os alunos em grupos de 4 pessoas, sendo 1 aluno o líder do grupo e responsável pela divisão do trabalho. 2 pessoas montam as mesas de chá e fazem a limpeza, 1 mestre principal e 1 mestre secundário que serve o chá.

Tabela 5.19 Demonstração da Cerimônia do chá por Fritura na Dinastia Tang

Assunto da apresentação		Aproveitar o chá por fritura e voltar à dinastia Tang
Preparação	**Chá**	Preparação de jogos de chá e alimentos com chá prensado ou crocante cozido no vapor.
	Preparação de jogos de chá e alimentos	Jogo de chá: fogão aberto, bule de chá, pinças de forja, jarra de chá, moedor de chá, peneira de chá, caixa de chá, saleira e bandeja de chá de vidro etc.
		Alimentos: chás compactos, sal.
	Decoração da mesa de chá	O estilo geral é principalmente palaciano, com uma escolha de toalhas de mesa vermelhas e bandeiras de mesa bordadas. Pelo fato de os materiais, cores, formas dos utensílios usados na arte do chá da corte serem requintados. A mesa não será mais decorada com outros ornamentos.
	Mestres	1 mestre principal, e durante o processo de exibição da arte do chá, 2 a 3 pessoas podem ser os mestres secundários, que são responsáveis por preparar o chá, ferver a água e servir o chá.
	Traje	O traje é da dinastia Tang. As mulheres usam saias e mangas compridas. O homem usa um chapéu de véu e as roupas com joia de pescoço e mangas curtas.
	Música	Toque música chinesa da dinastia Tang.
O processo e as explicações da arte do chá da preparação de chá nas dinastias Tang	**Cumprimentos**	Chá. Folhas aromáticas e brotos novos. Os poetas o admiram e os monges o amam. Moendo o jade branco, a peneira faz o fio vermelho. Agora, o que estamos mostrando é o preparo do chá por fritura da dinastia Tang.
	Apreciar o jogo de chá	Utensílios no preparo do chá por fritura na dinastia Tang incluem fogões abertos, bules de chá, moinhos de chá, peneiras de chá, pinças de bambu, tigelas de chá e outros jogos de chá, dos quais as tigelas de chá finas são tigelas de chá feitas por porcelana verde Yueyao e porcelana branca Xingyao.
	Acender o fogo e ferver a água	A água usada no preparo do chá por fritura na dinastia Tang é o produto superior da água da montanha, seguido pela água do rio e a água do poço como o produto inferior. E a água é filtrada e colocada na tigela de madeira. Lu Yu projetou o fogão aberto e o bule de chá para ferver água no fogo, e o carvão deveria ser quebrado e colocado no fogão aberto para acender o fogo.
	Chás compactos assados	Uma razão para assar chás compactos é secá-los ainda mais para facilitar a moagem; a outra é eliminar ainda mais o gás residual da grama e estimular o aroma do chá. As folhas de chá na dinastia Tang eram principalmente chá prensados, mas também havia chá grosso, a granel e em pó.
	Moer o chá prensado	Os chás compactos torrados são embalados em sacos de papel enquanto estão quentes, esmagados com um raminho sobre o papel, e depois colocados no moinho de chá e moídos cuidadosamente. O saco de papel evita não apenas a perda de aroma, mas também salpicos de blocos de chá.
	Peneirar o pó de chá	Peneirar o pó de chá finamente com uma peneira apropriada para que ele fique fino.
	Preparar o chá no bule de chá	"Ebulição com pequenas bolhas é a primeira fervura, jorrar como uma fonte é a segunda fervura, e quando as bolhas explodem e as gotas de água espirram, é chamado de "terceira fervura". Quando a água estiver na fervura primária, adicione sal para harmonizar o chá. Quando a água estiver na fervura secundária, retire uma colher de água e guarde. Em seguida, use a ferramenta de medição de chá para medir a quantidade apropriada de pó de chá e despejar no centro do bule de chá e mexa com um bambu.
	Ferver três vezes	Quando a água estiver na terceira fervura, a água de reposição previamente retirada é colocada de volta no bule de chá para impedir que ela ferva, para que a "essência" seja mantida, enquanto a superfície da sopa de chá forma espuma, jorro e flores: o fino é chamado de "espuma", o grosso é chamado de "jorro", o fino e leve é chamado de "flor".
	Beber o chá	Após a terceira fervura, o chá também é feito e despejado em tigelas de chá. O chá é bebido ainda quente. O aroma dispersa pelo ar enquanto esfria.

Tabela 5.20 Itens Necessários para o Chá por Fritura na Dinastia Tang

Categorias	Itens	Quantidade
Utensílios de chá	Fogão aberto	1
	Bule de chá	1
	Pinças de forja	1
	Cesta de chá	1
	Moedor de chá	1
	Peneira de chá	1
	Caixa de chá (usada para guardar pó de chá peneirado)	1
	Saleiro	1
	Bandeja de chá de vidro	3
Ingredientes	Chás compactos	1
	Sal	1 porção
Arranjo dos móveis	Cadeiras	1
	Tela	1
	Toalha de mesa	1
	Sinalizador de mesa	1

● Todos os grupos demonstram o processo do chá na dinastia Tang de acordo com a ordem sorteada.

● Quando um grupo estiver apresentando, um outro grupo será o inspetor.

● Realize avaliação em grupo para selecione o melhor grupo para demonstração a arte do chá de sencha na dinastia Tang.

3. Segurança e precauções

● O jogo de chá não está danificado e as folhas de chá estão bem preservadas.

● O jogo de chá é manuseado com cuidado.

● Presta atenção à segurança de usar fogo ao ferver água.

● Preste atenção ao calor ao grelhar chás compactos para evitar queimaduras.

● Ao moer o chá e peneirar o chá, seja paciente. Se o padrão não for atendido, a esmagadura pode ser repetida várias vezes.

● Ao preparar o chá, preste atenção ao grau de ebulição da água, e preste atenção ao tempo de adição de sal e chá.

● Depois que a atividade de arte do chá acabar, limpe o resíduo a tempo, limpe e organize os utensílios.

● O equipamento de áudio funciona normalmente e sem ruídos.

● Preste atenção à aparência individual.

4. Detalhes da atividade (consultar Tabela 5.21: Tabela de Atividade sobre Demonstração da Imersão do Chá na Dinastia Tang)

5. Avaliação (consultar Tabela 5.22: Tabela de Avaliação para Demonstração da Imersão do Chá na Dinastia Tang)

Tabela 5.21 Tabela de Atividade sobre Demonstração da Imersão do Chá na Dinastia Tang

Descrição	Critério
Entrar e fazer as etiquetas	● A aparência é gentil, o traje é arrumado e a expressão facial é natural.
Apreciar o jogo de chá	
Acender o fogo e ferva a água	● Movimentos, gestos e posturas em pé são eretos e elegantes.
Chás compactos assados	● Combine a música de fundo apropriada e realizar performances rítmicas.
Moer chás compactos em pó	● Os movimentos são suaves e o processo é completo, mostrando as características da arte do chá de sencha na dinastia Tang.
Peneirar o pó de chá fino	
Preparar o chá no bule de chá	● A explicação é clara, a expressão é fluente e o conteúdo é interessante.
Ferver três vezes para cultivar a essência	● O volume moderado e o tom é suave. ● A decoração ambiental pode refletir a atmosfera cultural de várias dinastias.
Despejar o chá e provar o chá	

Tabela 5.22 Tabela de Avaliação para Demonstração da Imersão do Chá na Dinastia Tang

Mestre de chá:

Nº	Critério	Respostas	
		Sim	Não
1	A aparência é gentil. Seja educado.		
	O traje é arrumado.		
	A expressão facial é natural.		
2	Movimentos, gestos e posturas em pé são eretos e elegantes.		
3	Há música tocando ao fundo.		
	Faça movimentos ritmicamente.		
4	O procedimento é tranquilo.		
	O processo está completo.		
	Reflita as características da arte do chá por fritura na dinastia Tang.		
5	A narrativa é clara e organizada.		
	A expressão é fluente.		
	O conteúdo é interessante.		
6	O som é moderado.		
	O tom é suave.		
7	A decoração do ambiente pode refletir a cultura da dinastia Tang.		

Inspetor: Hora:

Perguntas e respostas

P: Como posso transformar um chá prensado em um pó de chá?

R: Esmague os chás compactos assados, coloque no moedor de chá e triture em pedaços de chá picados. O pó de chá moído é peneirado até ficar muito fino e despejado na caixa de chá para guardar.

P: Durante a arte do chá por fritura na dinastia Tang, quando é adequado colocar o pó de chá no bule de chá?

R: Quando a água no bule de chá está borbulhando, é chamada de "segunda fervura". Neste momento, o mestre do chá deve primeiro retirar uma colher de água para reservar e, em seguida, usar um pinça de bambu para misturar no bule de chá. E quando a água no bule de chá ferver no centro, o pó de chá pode ser despejado no meio.

P: Na atividade da cerimônia do chá do "Festival do Chá do Festival Qingming na dinastia Tang", todos ficaram fascinados com o espetáculo da arte do chá por fritura na dinastia Tang, e cada vez mais convidados vieram para apreciar este espetáculo. No entanto, o mestre do chá Xiaoyuan colocou diretamente a sopa de chá fria restante em tigelas de chá para os convidados apreciarem, e esse tipo de comportamento foi interrompido pelo professor. O que Xiaoyuan fez de errado?

R: A sopa de chá é cara por ser "leve e fresca". O Santo de Chá Lu Yu acredita que o forte aroma da sopa de chá são as três primeiras tigelas fervidas no bule, que podem ser divididas em cinco tigelas no máximo. Portanto, a sopa de chá fervida pode ser dividida em cinco tigelas no máximo, e não é adequada para ser apreciada após esfriar, sendo melhor o fazer novamente para servir os convidados.

Conhecendo um pouco mais

Arte Chinesa do Chá no Festival Qingming na dinastia Tang

As cerimônias do chá se originaram na dinastia Tang. Naquela época, elas eram frequentemente realizadas no Palácio Tang, e a mais luxuosa era a anual "Ceia Qingming". Todos os anos, no dia do Festival Qingming, uma grande "Ceia Qingming" era realizada no Palácio Tang, e o recém-feito Chá Mingqian Atribuído era usado para entreter as pessoas. A cerimônia do chá foi grandiosa e animada. As etiquetas deste tipo de cerimônias eram geralmente presididas pelos oficiais cerimoniais da corte, com os guardas de honra com a sua grandeza, música e dança para entreter os convidados, chá aromático com várias comidas e requintados jogos de chá da corte, para mostrar a próspera da dinastia Tang.